U0403307

THE STATUS OF
RESEARCH COOPERATION BETWEEN
THOSE WHO ARE ENGAGED IN THE
TALENT CULTIVATION
PROGRAM BASED ON
SOCIAL NETWORK ANALYSIS

基于社会网络分析的人才培养计划入选人员间科研合作现状

杨善友　栾 鸾　常 颖　主编

北京理工大学出版社
BEIJING INSTITUTE OF TECHNOLOGY PRESS

版权专有　侵权必究

图书在版编目（CIP）数据

基于社会网络分析的人才培养计划入选人员间科研合作现状/杨善友，栾鸾，常颖主编．—北京：北京理工大学出版社，2018．12

ISBN 978 – 7 – 5682 – 6490 – 7

Ⅰ．①基…　Ⅱ．①杨…　②栾…　③常…　Ⅲ．①科学研究工作 – 合作 – 研究　Ⅳ．①G31

中国版本图书馆 CIP 数据核字（2018）第 265755 号

出版发行／北京理工大学出版社有限责任公司
社　　址／北京市海淀区中关村南大街 5 号
邮　　编／100081
电　　话／（010）68914775（总编室）
（010）82562903（教材售后服务热线）
（010）68948351（其他图书服务热线）
网　　址／http：//www. bitpress. com. cn
经　　销／全国各地新华书店
印　　刷／保定市中画美凯印刷有限公司
开　　本／710 毫米 ×1000 毫米　1/16
印　　张／8. 25
字　　数／116 千字
版　　次／2018 年 12 月第 1 版　2018 年 12 月第 1 次印刷
定　　价／38. 00 元

责任编辑／刘永兵
文案编辑／刘永兵
责任校对／周瑞红
责任印制／李志强

图书出现印装质量问题，请拨打售后服务热线，本社负责调换

前　言

科技创新是一个民族进步的灵魂，是一个国家兴旺发达的不竭动力，科技创新越来越决定一个民族和国家的发展进程，而科技创新的根本依靠就是人才。近年来，世界各国都充分认识到，未来国与国之间的竞争，归根到底是知识和人才的竞争，特别是创新型科技人才的竞争。正因如此，发达国家以及新兴工业化国家都在竞相制定本国的人才战略，采取培养与引进并举、精心管理和高效使用并重的政策，努力培养人才、吸引人才、留住人才、用好人才，以提升本国经济和科技的国际竞争力。我国政府一直十分重视人才工作，几代领导人在不同的发展阶段都强调了“人才资源是第一资源”的重要论断，人才培养作为公共管理的重要内容得到了各级政府的高度重视。国民经济“十三五”规划中更是提出人才优先战略，并将人才发展置于极高位置。

近年来，北京市委、市政府积极贯彻“人才资源是第一资源”的精神，十分重视人才队伍的建设，特别是高层次人才的培养工作，制定了人才发展战略。北京地区科研机构、高等院校众多，科技人才资源十分丰富，完善相关的人才培养政策，可以合理地整合和利用当地人才资源。北京市委、市政府相继组织实施了不同层次的青年科技人才计划，如地方的新世纪“百千万人才工程”、北京市优秀人才培养计划、北京市科技新星计划等。其中，北京市科技新星计划是市科委组织的一项重要人才培养计划。1993 年开始实施，培养造就了一批思想政治素质高、具有创新精神的青年科技带头人和科技管理专家，逐步形成了青年科技专家群体。

科技新星计划注重搭建科技创新交流合作平台，促进新星间的沟通交流。入选的新星们不断进行着思想火花的碰撞，不仅提高了自身学科领域的专业知识水平，也不断进行着相互合作。科研合作日益成为现代科学研究的主要方式，成为科技发展和解决问题的主要途径，同时也是协同创新的重要途径。另外，科研合作活动是一种典型的社会互动，必然导致一定程度的合作网络关系的形成。在实施人才培养计划的背景下，研究人才间科研合作情况，探索人才培养计划的实施情况很有必要。

为了调研北京市科技新星计划科研合作现状，本研究运用社会网络分析方法，对历年科技新星计划入选人员近 5 年来已发表的全部论文进行分析，根据这些信息中的作者合作关系所构建的科研合作网络，在一定程度上反映了科技新星计划历年入选人员之间的科研合作情况和某些学科学术的发展情况。希望课题研究成果能为北京市科技新星计划未来改革方向提供一手数据资料，同时希望能为电子信息、新材料、先进制造、新能源等北京市重点建设领域的未来发展提供一手人力资源和学术资源信息，能为北京市科委、北京市科学技术研究院支持创建国家科技创新中心提供参考资料。

目 录

第 1 章　科技人才培养政策现状

1.1　国家科技人才培养相关政策

科技人才是指从事或有潜力从事科技活动，有知识、有能力进行创造性劳动，并在科技活动中做出贡献的人员。科技人才主要包括科学研究与技术开发人才、科技管理人才和科技支撑服务人才。

政策是一个国家政府或执政党为实现一定历史时期的任务和目标，为调整一定的社会利益关系而制定的行动准则，它是一系列法令、条例、措施、办法、方法的总称。从广义上讲，公共政策包括法律，而狭义的公共政策与法律相对。人才培养是人才开发的重要基础及核心内容之一，人才培养的成效在很大程度上取决于相关的政策环境。科技人才政策主要是指狭义的公共政策，它是科技人才培养机制的构成基础。中国科技人才队伍发展壮大的历程，也是中国科技人才培养政策体系逐渐成熟的历史。

科技体制改革政策营造了优秀科技人才脱颖而出的环境，自 1985 年至今，中共中央、国务院制定实施了大量旨在推动科技体制改革的政策文件，这些政策文件不断改善着科技人才的培养环境。

1985 年出台的《中共中央关于科学技术体制改革的决定》指出："必须造就千百万有社会主义觉悟、掌握现代科学技术知识和技能的科学技术队伍，并充分发挥他们的作用。"要通过"促使科学技术人员合理流动""积极改善科学技术人员的工作条件和生活条件""保障学术上的自由探索、自由讨论"等措施，营造出一个人才辈出、人尽其才的良好环境。

放手大胆使用是培养优秀科技人才的又一条重要途径，特别是选拔优秀青年科技人员担任高级专业技术职务，“是造就跨世纪学术和技术带头人、带动一代青年科技人员快速成长的一项承上启下的战略性工作。搞好这项工作，有利于破除论资排辈和解决‘人才队伍年龄结构不合理’的问题”。在国家颁布实施的政策文件中，涉及培养使用优秀科技人才的内容有很多，仅在 1995 年，人事部等部门连续发布了几项旨在培养优秀科技人才的政策。包括《关于加强选拔优秀青年科技人员聘任高级专业技术职务工作的若干意见》《关于培养跨世纪学术和技术带头人意见》《关于加速科学技术进步的决定》等等。同时，在 1997—2004 年，国家启动了新世纪“百千万人才工程”，在一些国家科技计划中不断强化对科技人才的培养。如在国家自然基金中面向青年科技人才设置了杰出青年基金、创新团队基金，教育部实施了春晖计划、长江学者特聘教授计划、新世纪优秀人才支持计划、海外智力为国服务行动计划，中国科学院开展了创新工程“百人计划”等等，在实践行动上得到了具体的体现。

2006 年 6 月中共中央总书记、国家主席胡锦涛在两院院士大会上代表中共中央、国务院发表重要讲话时又指出：“人才是最宝贵、最重要的资源，是代表着先进生产力发展的要求。人才是国家发展科技的根本之所在，也是推动社会、经济、文化等领域发展的基本力量。”

2008 年 12 月，中共中央办公厅转发《中央人才工作协调小组关于实施海外高层次人才引进计划的意见》。海外高层次人才引进计划（简称“千人计划”）主要是围绕国家发展战略目标，从 2008 年开始，用 5～10 年，引进 2 000 名左右人才，并有重点地支持一批能够突破关键技术、发展高新技术产业、带动新兴学科的战略科学家和领军人才回国（来华）创新创业。

2009 年人力资源和社会保障部颁布了“赤子计划”，主要通过政策支持、资金支持和人才服务三种形式支持海外人才为国服务，包括以下六种留学人员为国服务活动：① 人力资源和社会保障部组织的示范性留学人员为国服务活动；② 人力资源和社会保障部留学人员和专家服务中心组织的留学人员为国服务活动；③ 人力资源和社会保障部与地方政府联合主办的大型留学人才项目交流及为国服务活动；④ 人力资源和社会保障部资助支持，由地方人力资源和社会保障部门具体组织的留学人员为国服务活动；⑤ 人力资源和社会保障部资助支持，由有关部门具体组织的留学人员为国服务活动；⑥ 人力资源和社会保障部资助支持，由海外留学人员团体具体组织的为国服务活动。

2012 年，中央组织部、人力资源社会保障部等 11 个部门启动实施国家“万人计划”。目标是用 10 年时间，遴选 1 万名左右自然科学、工程技术和哲学社会科学领域的杰出人才、领军人才和青年拔尖人才，给予特殊支持。国家“万人计划”体系由三个层次构成：第一层次为 100 名杰出人才，第二层次为 8 000 名领军人才，第三层次为 2 000 名青年拔尖人才。根据国家经济社会发展和人才队伍建设需要，经中央人才工作协调小组批准，可调整计划项目设置。

2013 年 10 月，国家主席习近平出席欧美同学会成立 100 周年庆祝大会并发表讲话称，广大留学人员是党和人民的宝贵财富，是实现中华民族伟大复兴的有生力量。习近平说，“致天下之治者在人才”，“当今世界，综合国力竞争日趋激烈，新一轮科技革命和产业变革正在孕育兴起，变革突破的能量正在不断积累。综合国力竞争说到底是人才竞争。人才资源作为经济社会发展第一资源的特征和作用更加明显，人才竞争已经成为综合国力竞争的核心”。

2014 年年底，新中国历史上第一次召开全国留学工作会议，对出国留学和来华留学工作进行统筹谋划部署。国家主席习近平和国务院总理李克强分别作出重要指示和批示。

目前，我国已经拥有一支规模宏大、数量名列世界前茅的科技人才队伍。据统计，2014 年我国科技人力资源总量达到 7 512 万人，比上年增长 5.7%。其中大学本科及以上学历的科技人力资源总量为 3 170 万人，比上年增长 7.7%，排名继续保持世界第 2 位。无论是按人头数还是按全时当量计，我国投入研发活动的人力规模都已经成为全球最高的国家。但从国际比较看，我国研发人力投入强度指标在国际上仍处于落后水平。我国人才队伍质量有待提升，结构性矛盾甚为突出，人才资源开发利用效率偏低，存在着人才严重短缺和人才大量浪费并存的现象。科技后备人才队伍规模发展较快，但教育结构与培养质量有待优化与提高。

在一个国家的发展中，科技人才队伍的建设是靠政府、组织（研究机构、大学和企业）和市场共同作用的结果。其中，公平竞争的市场机制对人才配置起着基础性的作用，政府的作用主要是补充市场的不足。成功的经验包括确定国家科技人才队伍建设的总体战略和制定规划，制定科技人才培养、吸引和使用的宏观政策；通过重点投资培养国家战略领域所需人才，推进产学研合作联合培养人才；采取多种措施，在全球范围内吸引和争夺人才。同时，用人单位根据自己的目标和运行机制，还有自己培养和使用人才的政策和制度。

1.2　北京市科技人才培养相关政策

20 世纪 90 年代初，全国改革开放进入新的阶段，北京作为首都，要在日益激烈的国际竞争中取胜，必须重视人才发展战略。人才资源开发是科学技术进步的保证，是产业结构调整的深层次基础，是促进首都经济增长的重要因素。北京市经济社会发展建设全面提速，对科技人才的需求十分强烈。首都北京在人才引进工作中具有独特的优势，高等院校、科研院所云集，总部经济特征明显，产学研用结合紧密，国际学术交流广泛，具备吸引人才的良好环境。近年来，为加快青年科技人才培养，满足首都发展对人才的需求，北京市委、市政府明确提出了实施首都人才战略。

为全面贯彻落实党中央《关于深化人才发展体制机制改革的意见》，围绕新时期首都城市战略定位和建设国际一流的和谐宜居之都的目标，加快实施创新驱动发展战略和京津冀协同发展战略，大力深化人才发展体制机制改革，颁布了《中共北京市委关于深化首都人才发展体制机制改革的实施意见》。根据该意见，北京市形成了一系列高端科技人才计划，包括“北京学者”“海聚工程”“领军人才”“科技新星”等人才计划，并不断完善政策措施，健全工作机制，建立服务体系，搭建工作平台，在吸引人才工作方面进行了一些有益的探索与尝试，取得了显著成效。

“北京学者计划”是2012年年底经北京市政府批准实施，北京市最高层次的人才培养计划，旨在培养一批居于世界科技前沿、富有创新能力、具有国际先进水平的科学家、工程师和名家大师，为建设具有全球影响力的科技创新中心提供智力支撑。该计划每2年评选一次，从自然科学、工程科学技术、哲学社会科学领域选拔。“北京学者计划”实施5年来，取得了丰硕成果，创新团队建设稳步推进，科研创新辐射带动效应发挥明显，推动了首都科学发展。

2009年4月，为贯彻落实中央“千人计划”，北京市制定了《关于实施北京海外人才聚集工程的意见》（简称“海聚工程”），以吸引海外高层次人才来京创新创业。“海聚工程”依据首都产业结构调整、重点产业发展及重大科技专项建设的需要，计划用5～10年时间，在市级重点创新项目、重点学科和重点实验室，市属高等院校、科研院所、医院、国有企业和商业金融机构及中关村科技园区、北京经济技术开发区等高新技术产业开发区，聚集10个由战略科学家领衔的研发团队，聚集50个左右由科技领军人才领衔的高科技创业团队，引进并有重点地支持200名左右海外高层次人才来京创新创业，建立10个海外高层次人才创新创业基地，把北京打造成为亚洲地区创新创业最为活跃、高层次人才向往并主动汇聚的“人才之都”。

“长城学者计划”是自2012年开始在北京高校实施的一项人才引进计划，旨在引进或培养院士级、获国际奖项及国内相关人才计划入选者。计划每年引进100名左右高端人才，提供总额数亿元的科研费、学科建设费等支持，鼓励高端人才在北京地区高校开展科研创新，为首都经济社会发展和做大做强首都高等教育事业提供人才支撑。

1993年7月，为了在改革开放的新时期，加快青年科技人才培养，满足首都发展对人才的需求，适应当前经济社会的快速发展，经北京市人民政府批准设立“北京市科技新星计划”，重点培养和资助35岁以下具有较高素质与创新精神的青年科技人员。科技新星计划作为时代的产物，启动之初就担负起培养跨世纪青年科技带头人的重任，力求造就一批思想政治素质高、具有创新精神的青年科技带头人和科技管理专家，并成为首都科技创新工作和人才队伍建设的重要组成部分。

为了加大对科技人才的培养，北京市委、市政府相继组织实施了不同层次的科技人才计划。各项计划的实施为首都多层次的人才培养工作贡献了力量，为首都经济科技发展注入了人才的活力。在这些人才计划的带动和辐射下，科技人才能够成为高层次的青年科技学科带头人和青年科技型专家，并形成科技人才群体，完善首都科技人才队伍的建设，从而促进首都经济社会发展，在国际竞争中取胜。

第2章 科技新星计划科研合作现状

2.1 科技新星计划人才培养情况

2.1.1 科技新星计划发展历程

20世纪90年代初，全国改革开放进入新的阶段，北京经济社会快速发展，青年科技人才需求与供给的矛盾十分突出。由于当时科研经费总量少，在科技项目方面存在明显的论资排辈现象，青年科技人才很难有机会牵头承担科研项目，独立开展科研工作。为了解决我市因高级专业技术人员相继退休而出现人才断档的问题，给青年人才创造发展的环境，市委、市政府根据经济社会发展的需要，从人才战略的需求出发，决定实施北京市科技新星计划。

科技新星计划在实施过程中，注重管理的制度化和规范化，根据北京市社会经济和科技工作需求的变化，对项目的具体管理办法进行了不断的调整和完善。根据对科技新星计划管理办法的调整实践，科技新星计划的发展可以分为三个主要阶段：

（一）1993—2001年启动实施阶段，以1993年印发《北京市科技新星计划暂行管理办法》为标志。资助对象仅限于“北京市属的高等院校、科研院所、医疗卫生机构及其他企事业单位的青年科技骨干”，为高素质的青年科技人员独立承担科研项目提供启动性研究经费及培养经费，培养周期为5年，共有9批289人入选。

（二）2002—2009年完善拓展阶段，以2002年修订印发《北京市科技新星计划管理办法》为标志。申报范围放开至本市行政区域内所有企事业单位，中央（包括军队）在京企事业单位的青年科技骨干也被纳入资助范围。资助方式调整为 A、B 类：A 类为正在承担国家级科技项目、北京市重大科技项目、北京市自然科学基金项目中重大或重点项目等课题研究的负责人或主要参加者，为其相关的培训、交流、申请专利、发表论文、出版专著等提供经费；B 类为具有高素质的青年科研人员独立承担科研项目提供启动性研究经费及培养经费。培养周期调整为 3 年，共有 8 批 1 072 人入选，其中 A 类 637 人、B 类 435 人。

（三）2010 年后不断创新探索进入新阶段。计划取消了 A、B 分类方式，恢复以项目为主的资助方式，仍部分保留了“人才培养资助”方式，培养周期仍为 3 年；加强了对企业优秀科技人才的选拔培养，扩大了企业入选比例；加大了社会资源统筹力度，实施联合培养模式；探索入选人员跟踪支持方式，实施交叉学科合作研究项目。截至 2017 年 10 月，2018 年度北京市科技新星计划选拔工作结束，共计产生 120 名拟入选人员和 20 个交叉学科拟资助课题。

2.1.2 科技新星计划人才培养现状

科技新星计划实施过程中，坚持遵循科技创新和人才发展规律，坚持突出重点、协同推进，坚持科学评价、规范管理，把握了“程序严格”与“形式宽松”的尺度，形成选拔、培养、服务和使用的全过程管理。

人才选拔坚持突出重点。科技新星计划明确设置了申报条件、年龄限制、推荐方式和评审程序，重点支持具有发展潜力和愿望、急需要支持的青年科技人才。一是明确规定申报人年龄限制和资格条件，将重点放在 35 岁以下工作在科研一线、崭露头角的学术新人，与其他科研项目最大的区别在于对已获得高级职称、博士生导师和国家级人才计划的人员进行限制，真正将资源提供给更需要的青年科技人才。二是明确要求单位组织申报和推荐，申报单位根据自身发展规划和人才布局进行限额推荐和申报，突出单位发展对人才的需求，强化其人才培养意识和主体地位。三是专家评审侧重选题价值和人才潜力，不过多干涉具体的技术路线、技术方案，进行大同行、小同行专家评议。

人才培养协同推进。科技新星计划把握青年科技人才阶段特征，专注于建立“全周期、全过程”管理和服务机制，坚持依托项目，提升核心能力。一是依托课题开展培养，提升科研能力，科技新星计划资助入选人员开展课题研究，人才培养与课题研究周期一致，课题研究与人才培养目标绑定，充分发挥课题项目在人才培养中的载体作用。二是按照合同进行管理，培养其项目管理能力，在确定预期目标和考核指标后，充分授予其研究自主权和经费支配权，通过年度考核、结题验收和综合考评的方式进行管理，真正提升青年科研人员牵头承担课题的组织管理能力。三是搭建交流合作平台，强化统筹资源能力，选聘院士和学术技术带头人担任导师，帮助入选人员提高能力；定期组织新星交流大会、学术沙龙、科技创新论坛等活动，活跃入选人员的学术思想；鼓励入选人员参加国内外的学术交流，加快入选人员的成长步伐。

人才服务继续强化。科技新星计划注重对完成了培养的人员的追踪和服务，持续关注和支持完成任务的“老星”，做到培养有期、服务不断。一是各类活动对“老星”开放，定期举办交流大会、学术沙龙和论坛活动，向历年入选人员发出邀请，安排优秀“老星”作报告，充分发挥“老星”在新星培养中的引领示范作用。二是加强信息跟踪交流，通过年度成果统计和《科技新星计划简报》等形式，及时通报计划实施进展和动态，总结宣传新星、“老星”的科研成果和个人业绩。三是统筹资源支持发展，一大批新星、“老星”已经成为北京市及国家重大科技计划、国际合作和重大产业开发工程的研究和开发主力军，成为首都地区科技创新领军型人才。

科技新星计划帮助了北京市行政区域内企事业单位的青年科技人才，随着媒体的宣传报道和科委职能管理部门的不断努力，越来越多的企事业单位更加关注科技新星计划的实施，许多青年科技人员踊跃申报。这些举措营造了有利于青年科技人才成长的良好环境和氛围，开创了科技新星计划工作的新局面。

2.2　科技新星计划科研合作情况

马太效应是科技人才成长过程中的一个重要规律：一旦科研人员获得一定的成功和进步，就会产生一种“积累优势”，在成长的过程中能获得更多的资源，会有更大的可能性取得更大的成功和进步。北京市科技新星计划给优秀的青年科研人员提供了这样的平台，这个平台为科研人员提供了一个成长机遇，打造了一个科研人员之间互动交流的平台，有助于科研人员形成自己的社会网络并为日后的科研合作打下良好的基础。除此以外，入选科技新星计划后能让新星更容易得到其他科技项目或人才计划的支持。入选科技新星计划是对一个科研人员潜力和能力的认可，在申报其他科技项目或人才计划时能给新星带来更强的竞争力。

科技新星计划为科研人员搭建了交流合作平台，选聘院士和学术技术带头人担任导师，帮助入选人员提高科研水平和能力，并且定期组织活动，促进科研人员之间的交流，如新星交流大会（每年春冬两次）、英语技能培训班、学术沙龙活动、科技创新论坛等。交流大会上，不仅安排科技新星计划入选人员中取得突出成绩的同志进行演讲，与年轻同志分享成功经验和工作体会，还邀请有关科技管理、科技政策制定、人才管理的专家介绍国家新近的科技政策和人才培养政策。科技新星计划注重对被培养人的追踪和后续服务，所以很多活动都会向历年入选人员发出邀请，定期安排优秀的被培养人作报告，促进新老优秀科研人员之间的交流。此外，科技新星计划还通过建设北京科技创新论坛和科技新星 QQ 群等方式，促进新星之间及新星与“老星”之间的沟通交流。调查结果显示，借助科技新星计划提供的沟通交流平台，许多新星之间建立了日常的联系交流，有的新星之间形成了实质性的科研合作，部分新星合作撰写了论文论著。

为促进新星及其团队间的交流与合作，2012 年启动了交叉学科合作研究项目，对不同领域或学科合作、具有明显创新性和应用前景、符合首都重点发展方向和领域的项目进行资助。资助对象包括入选的新星，也包括资助项目期已结束的“老星”。通过科技新星计划，新星相互认识之后，就会有一个合作的可能性。由于资助的优秀科研人员来自不同的学科，知识背景和知识结构存在很大的差异，容易碰撞出一些新的东西，在一定程度上可以促进交叉学科的发展。这为新星之间的合作提供了一个非常好的平台，比短期的交流更加有效，容易碰出火花并产生经济和社会效益。开展学科交叉合作十分有必要，符合科研发展的需求。跨学科合作还能提升科技新星计划入选人员的组合创新能力，推动入选人员的科研团队建设，从而为组合创新研究奠定基础，进一步加快入选人员的成长步伐。

科技新星计划帮助新星开启了独立承担课题的科研生涯，许多新星依托科技新星计划组建科研团队，确定了长远的研究方向，提高了组织管理能力。科技新星计划最初的设计理念就是依托项目培养人才。通过让新星独立承担科研项目，全面锻炼提高新星的科研能力和组织管理能力。让新星独立承担科研项目的设计思路对新星们的锻炼和帮助是全方位的，此外，科技新星计划还帮助许多新星组建了自己的科研团队，确定了长远的科研方向。科技新星计划还对企业科研人员提供资助，企业科研人员直接从事研究成果的应用，尤其是商业化应用活动，对大学、科研院所的科研成果有比较强的需求和合作愿望。科技新星计划为这一合作需求和愿望提供了平台，给大学及科研院所的科研成果提供应用的机会，实现了科研同实际的紧密结合。

北京市科技新星计划充分调动了全社会的积极性，提高了青年科技人才的国际化水平和创新创业能力，在全社会营造了鼓励创新、勇于探索的文化氛围，促进了人才间、团队间与项目间的有效结合，推动了科技新星与全市重大科技项目、重要科技工作和经济社会发展重点任务对接，为新星提供更大的发展空间。

第3章　科技新星计划科研合作网络属性分析

3.1　研究方法和数据来源

3.1.1　研究方法

论文是科研人员科研成果的一种体现，作者发文量的统计是对作者科研活动的一种基本量化评价。科研合作的结果通常以研究者共同署名在学术期刊上发表论文来体现。1993—2017 年共有 2 275 名科研人员入选北京市科技新星计划，本课题选取了从事专业中至少有 20 名科技新星的 24 个专业展开分析，通过检索中国期刊网（CNKI）、Web of Science（WOS）数据库，结合历年科技新星计划年度考核信息表中收录的论文发表情况，以及部分补充调研结果，分析这 24 个专业共 1 034 名科技新星 1990—2017 年发表的论文，以此作为研究样本，根据社会网络分析法（Social Network Analysis，SNA）的理论，结合社会网络分析软件对作者合作网络进行网络属性的计算，以期勾勒出这些专业学者的合作现状。

社会网络分析法（SNA）是自 20 世纪 70 年代以来在社会学、人类学、心理学、通信科学等学科领域发展起来的。它是一种集社会学、统计学、数学、图论等理论与技术于一身的定量分析方法，能够以可视化图谱形式生动直观地展示网络关系和网络结构。社会网络分析法是对社会网络的关系结构及其属性加以分析的一套规范，是对社会网络中行为者之间的关系进行量化的一种研究方法。该方法通过分析网络的各种属性，从不同的角度反映网络的整体结构或者网络中节点与节点之间的关系。该方法已被证实可以应用于作者合作关系分析以及网络结构阐释。利用社会网络分析法，通过对科技新星合作发表论文的网络分析，可以发现不同专业科技新星合作的紧密程度以及合作的基本模式。

“网络”是由节点及节点之间的某种关系构成的集合，“社会网络”是由作为节点的社会行动者及其之间的关系构成的集合。这里的“行动者”不但指具体的个人，还可指一个群体、公司或其他集体性的社会单位，每个行动者在网络中的位置被称为“节点”。行动者之间相互的关联称为“关系纽带”，表示的是关系的具体内容或实质性的显示发生的关系。

Newman 是最早一批将网络科学的想法应用到科研合作网络分析中的学者。他分析了三个领域——生物学、物理学和数学的网络，从度分布、聚类系数、平均距离等几方面对网络进行了分析。近些年，关于合作网络的研究越来越深入，主要集中在两个方面：一方面是网络的静态统计特征及拓扑结构研究，比如利用中心度指标来发现最重要的作者，Freeman 提出了社会网络中的四个中心度概念，分别是：点度中心度、接近中心度、中介中心度和特征向量中心度；另一方面是合作网络的动态演化特征研究。

作者合作网络是以作者为节点，以作者之间的合作关系为边构建的网络。边的权重是作者之间的合作次数，即合作撰写论文的数目。本研究主要分析的网络属性有网络密度、凝聚系数、平均距离、网络中心度（点度中心度和中介中心度）等。

（一）网络密度是指某一网络中实际存在的关系数与理论上可能存在的最大关系数之比，即网络中实际拥有的连线数量与图中最多可能拥有的连线数之比，用于衡量关系网络中成员之间互动的频率、关系的紧密程度。取值范围介于0～1，密度越大，说明成员之间联系越紧密，节点之间连线越稠密，信息交流越畅通，该网络对其成员的态度、行为产生的影响也越大。在全连通的作者合作网络中，密度=1。全连通的作者合作网络是指网络中的所有作者之间都有合作。

（二）聚类系数也称族系数，是表征一个网络中节点趋向于聚集到一起的概率，该系数越大，表示节点越容易聚集。平均聚类系数的值介于0～1，值越大代表节点之间的抱团趋势越明显。当值为0时，网络中相连的节点之间没有三角形结构，而值为1时，该网络是一个完全图。

（三）社会网络的距离包括三种概念：一是节点之间的距离，是指两节点之间所有路径中的最短路径的长度；二是网络直径，是指网络中任意两个点之间距离的最大值；三是平均距离，是指任意两点间距离的平均值，是衡量网络节点间信息传播快慢的定量指标，平均距离越长，网络中一个节点到达另一个节点需要的路径越长，信息传播越慢。

（四）网络中心度是最早被用来描述个人或组织在其所处的社会网络中地位及重要性的概念之一，是一个衡量节点在网络中重要性的指标，可以衡量节点在网络中的优越性和特权性。中心度有三种测量形式：点度中心度、中介中心度和接近中心度。点度中心度和中介中心度是衡量一个作者在一个团体网络中影响力的最主要的两个参数。前者常用来衡量谁在网络中是核心研究人员，后者常用来衡量谁在合作网络搭建中的作用最大。

点度中心度的概念来自社会计量中的明星概念，一个核心点就是该点与其他点有直接联系。因此，点度中心度就是衡量与某节点直接相连的其他节点个数，点度中心度大，说明该节点位于整个网络的重要位置，具有“领头羊”的作用。

中介中心度是衡量一个节点作为媒介者的能力，也就是占据其他两个节点最短路径上重要位置的节点。在作者合作网络中，具有媒介作用的作者能将彼此分离的作者组织到一起合作，其作用在科学研究中是非常重要的。如果一个节点位于其他节点的多条最短路径上，那么该节点就是两个分离的团体间思想交流、意见沟通和行动协调的桥梁，就具有较大的中介中心性。因此中介中心度是衡量某个节点在网络中媒介作用大小的指标，其值越大说明有较多的节点之间的信息通信需要经过该节点，对网络中信息流通有关键作用，是表征对网络“控制能力”的指标。

接近中心度是节点与网络中所有其他点的接近距离之和，是一个间接衡量指标，其值大，表示该节点处于网络的边缘区域。由于接近中心度是针对完全连通网络设置的指标，而本文中作者合作网络是一个非完全连通网络，故只对作者合作网络的点度中心度和中介中心度进行计算和分析。

3.1.2 数据来源

基于中国期刊网（CNKI）、Web of Science（WOS）数据库，结合历年科技新星计划年度考核信息表中收录的论文发表情况，以及部分补充调研结果，特别针对作者姓名和作者单位的精确搜索和界定，共搜集到文献 10 183 篇，图 3－1 展示了所选取的专业、科技新星数量以及发文情况统计信息。

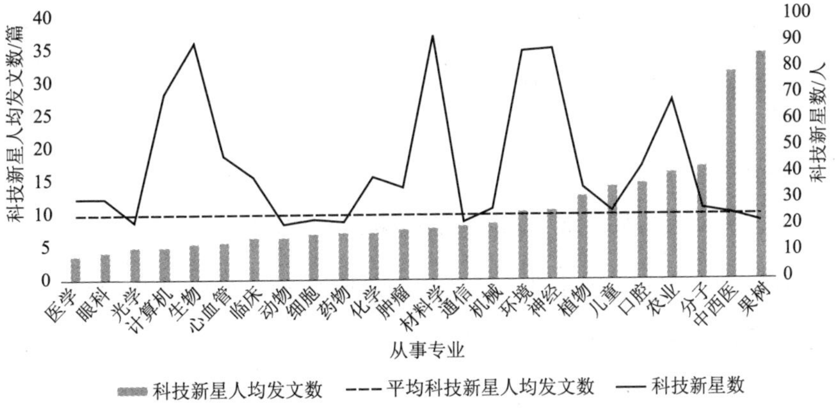

图 3－1　24 个专业科技新星数及人均发文数

从事材料学专业的科技新星数量最多，但是从事果树专业的科技新星人均发文数最高。果树和中西医专业都属于异军突起，科技新星数量不多，但是平均发文量明显高于其他专业；分子、农业、口腔、儿童和植物专业的科技新星人均发文数虽然不如果树和中西医专业，但是其人均发文量也高于 24 个专业平均科技新星人均发文数；神经和环境专业的科技新星人均发文数基本等于 24 个专业平均科技新星人均发文数。

10 183 篇文献中总共有 17 015 位作者，篇均作者数是 1.67 位，说明每篇文章平均有 1.67 位作者撰写，24 个专业科技新星平均人均合作者 16.46 人。图 3 – 2 展示了 24 个专业的科技新星人均合作者数和科技新星人均发文数分布，可以看到中西医专业科技新星人均合作者数最高，远高于其他专业；高于 24 个专业平均科技新星人均合作者数的专业有：环境、农业、临床、植物、分子、儿童、中西医、果树；几乎等于 24 个专业平均科技新星人均合作者数的专业有：神经、心血管、口腔、肿瘤。

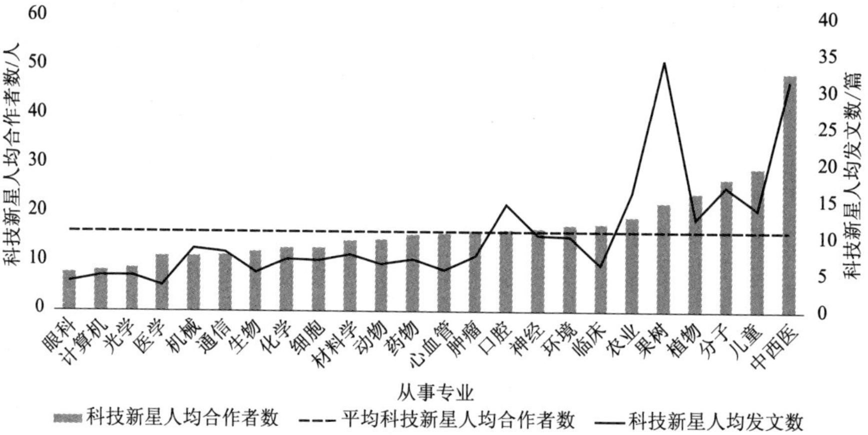

图 3 – 2　24 个专业科技新星人均合作者数

图 3 – 3 展示了根据平均科技新星人均发文数和平均科技新星人均合作者数绘制的 24 个专业四象限图。由图 3 – 3 可以看到，果树和中西医专业因为较高的科技新星人均发文数而远离其他专业，尤其中西医专业还具有较高的人均合作者数，本课题将果树和中西医专业看作离群点；农业、口腔、儿童、植物、神经和环境专业位于高人均发文、高人均合作象限；临床位于低人均发文、高人均合作象限；肿瘤、心血管和药物专业非常靠近低人均发文、高人均合作象限，因此本课题在下文的分析中将其归为低人均发文、高人均合作象限；动物、材料学、细胞、化学、生物、医学、光学、通信、机械、眼科和计算机等专业位于低人均发文、低人均合作象限。以下将四象限简称：低低象限、低高象限、高高象限和离群点。

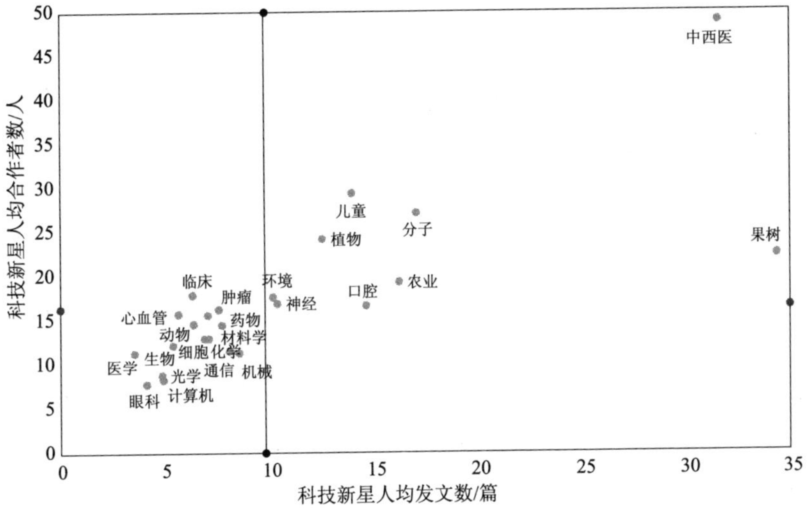

图 3－3　24 个专业科技新星人均发文数和合作者数四象限图

3.2　科技新星合作网络整体属性分析

3.2.1　网络密度、聚类系数、平均距离分析

本课题中 24 个专业作者合作网络的平均密度是 0.006 779，平均聚类系数是 0.490 917，平均距离是 2.843 75。表 3－1 展示了 24 个专业的平均网络密度、聚类系数以及平均距离的分布情况。细胞专业平均网络密度最高，化学专业聚类系数最高，计算机专业平均距离最短。三个网络属性指标，24 个专业表现出不一样的排序。

表 3－1　24 个专业平均网络密度、聚类系数和平均距离

专业	平均网络密度	专业	聚类系数	专业	平均距离
细胞	0.019 3	化学	0.714	计算机	1.62
通信	0.016 6	动物	0.645	化学	1.628
光学	0.016 5	口腔	0.638	材料学	1.831
化学	0.012 8	通信	0.618	眼科	1.892
口腔	0.011	环境	0.59	机械	1.922

续表

专业	平均网络密度	专业	聚类系数	专业	平均距离
药物	0.009 1	医学	0.576	光学	2.167
眼科	0.009	果树	0.561	细胞	2.168
果树	0.007 9	中西医	0.549	生物	2.248
动物	0.007 1	农业	0.536	心血管	2.255
植物	0.005 4	神经	0.529	医学	2.281
肿瘤	0.004 7	材料学	0.528	通信	2.314
计算机	0.004 7	心血管	0.521	肿瘤	2.379
分子	0.004 7	分子	0.503	药物	2.41
环境	0.004 5	细胞	0.495	临床	2.434
临床	0.004 2	植物	0.463	农业	2.735
机械	0.004 2	临床	0.445	分子	2.751
神经	0.003 4	计算机	0.436	环境	3.156
中西医	0.003 3	肿瘤	0.431	儿童	3.354
农业	0.003 3	药物	0.418	口腔	3.46
儿童	0.003 2	生物	0.411	动物	3.508
生物	0.002 6	儿童	0.347	果树	3.72
心血管	0.002 4	眼科	0.301	植物	3.837
材料学	0.002	光学	0.265	神经	5.601
医学	0.000 8	机械	0.262	中西医	6.579

网络密度的大小反映了节点间联系的紧密程度，过于稀疏的网络会阻碍信息交流和科研合作，其值介于0～1。图3－4展示了24个专业的平均网络密度分布，横轴坐标的“从事专业”根据图3－3的四象限图进行了排序。总体来看，24个专业的平均网络密度都不高，造成合作网络疏松的原因在于24个专业的作者合作网络是不连通的，网络中有许多相互独立的小合作团体，小团体之间没有连接。小团体内部，作者之间尽管有合作，但团体中所有作者并没有彼此合作，离全连通网络的距离较远。细胞、通信和光学专业平均网络密度相对较大，这三个专业均位于图3－3的低低象限，该象限的平均网络密度要高于低高象限、高高象限和离群点的平均网络密度。

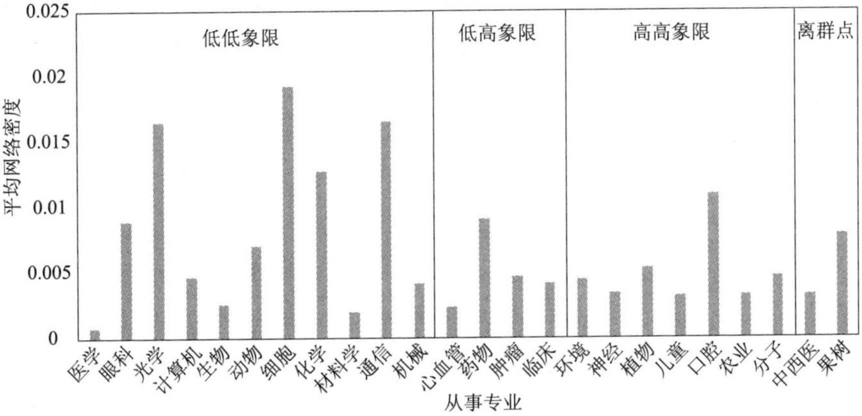

图 3－4　24 个专业的平均网络密度分布图

聚类系数的大小反映了节点之间的抱团趋势，其值介于 0～1，系数越大表示节点越容易聚集。图 3－5 展示了 24 个专业的聚类系数分布，横轴坐标的“从事专业”根据图 3－3 的四象限图进行了排序。从图 3－5 可以看到，除了低低象限的眼科、光学、机械专业和高高象限的儿童专业的聚类系数较低外，其他专业的聚类系数都比较高，说明这些专业虽然网络密度较低，但节点更倾向于聚集到一起，内部潜在凝聚性较强，说明这些专业的研究学者已经意识到合作的重要性，其合作强度正处于快速上升的潜伏阶段。

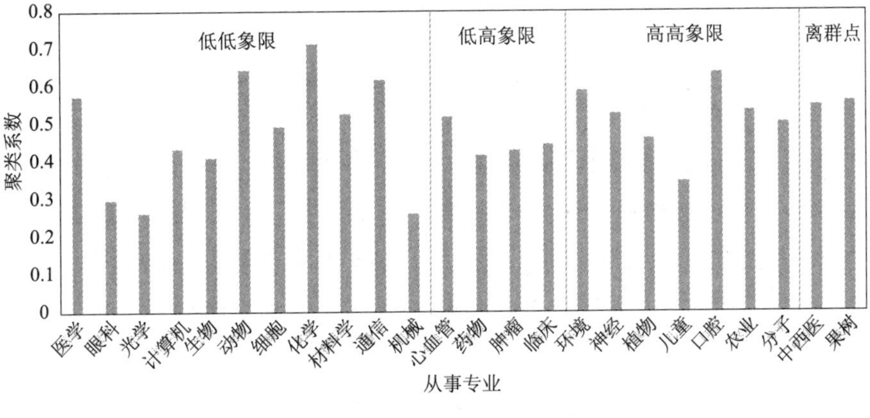

图 3－5　24 个专业的聚类系数分布图

平均距离反映了网络节点间信息传播的快慢，图 3 –6 展示了 24 个专业平均距离分布，横轴坐标的“从事专业”根据图 3 –3 的四象限图进行了排序。

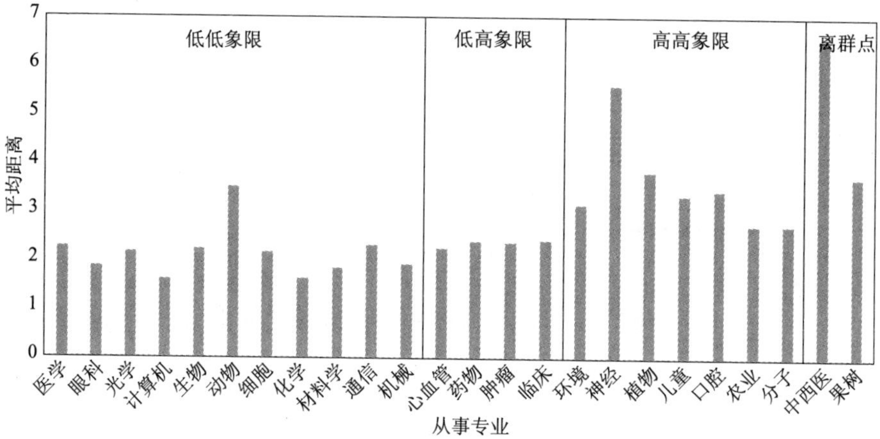

图 3 –6　24 个专业平均距离分布图

24 个专业的平均距离相差较大，低低象限的计算机专业、化学专业、材料学专业、眼科专业、机械专业的平均距离都小于 2，说明这些专业的作者网络中节点平均通过 2 条线就能到达网络中的其他节点，网络中信息传播速度较快。相反，高高象限的神经专业和离群点中西医专业的平均距离都超过了 5，说明这些专业的作者平均需要通过 6 条线才能和其他作者产生合作，路径较长，网络中信息传播速度较慢。相对而言，位于高高象限的专业和离群点专业都有较大的平均距离。

3.2.2　中心度分析

24 个专业的作者合作网络的点度中心度和中介中心度见表 3 –2。最大点度中心度和最大中介中心度，列出了各专业作者合作网络中排名第一的点度中心度和中介中心度；科技新星点度中心度和中介中心度，列出了所有科技新星中排名第一的点度中心度和中介中心度，并给出了其在合作网络中点度中心度和中介中心度的相应排名；如果科技新星点度中心度和科技新星中介中心度都是同一个人所得，则“是否同一人”标记为“是”，否则为“否”。

表 3-2　24 个专业点度中心度和中介中心度表

专业	最大点度中心度	最大中介中心度	科技新星点度中心度	排名	科技新星中介中心度	排名	是否同一人
材料学	4. 587	79. 667	3. 647	2	40. 333	4	否
生物	8. 461	359. 45	3. 835	5	64. 056	8	是
神经	17. 907	22 028	13. 57	2	22 028	1	否
环境	13. 319	1 931. 614	13. 319	1	1 931. 614	1	否
计算机	2. 86	33. 5	2. 86	1	33. 5	1	是
农业	15. 62	1 804. 079	15. 62	1	1 804. 079	1	否
心血管	3. 725	72. 5	3. 725	1	72. 5	1	是
口腔	33. 265	6 709. 418	33. 265	1	6 709. 418	1	是
化学	7. 447	72. 5	4. 123	4	41. 767	2	是
临床	11. 677	265. 558	11. 677	1	236. 353	2	是
植物	6. 497	880. 55	6. 497	1	880. 55	1	否
肿瘤	5. 22	287. 358	5. 22	1	201. 555	2	否
眼科	3. 045	38. 25	0. 867	10	11	2	是
医学	2. 075	60	2. 075	1	60	1	是
分子	10. 848	1 580. 472	10. 848	1	1 580. 472	1	是
机械	4. 174	89	4. 174	1	89	1	是
儿童	6. 261	1 056. 77	6. 261	1	1 056. 77	1	否
中西医	13. 22	16 310. 83	12. 109	3	9 582. 724	3	否
细胞	6. 736	155. 85	3. 969	2	78. 657	2	是
果树	10. 119	1 947. 906	10. 119	1	1 906. 181	2	是
通信	7. 669	307	7. 669	1	307	1	是
药物	5. 149	127. 833	3. 493	2	127. 667	2	是
光学	2. 905	88. 598	1. 721	5	48. 802	2	是
动物	5. 766	552. 5	5. 766	1	552. 5	1	是

一位作者的点度中心度能够反映他在合作网络中的核心性及中心地位，度数越高的作者说明他与较多的其他人合作过，思想交流和传播知识的范围自然就广，这样的人一般在某学术领域具有较高学术地位和较大影响力。图 3-7 展示了 24 个专业最大点度中心度与科技新星最大点度中心度分布，横轴坐标的“从事专业”根据图 3-3 的四象限图进行了排序。

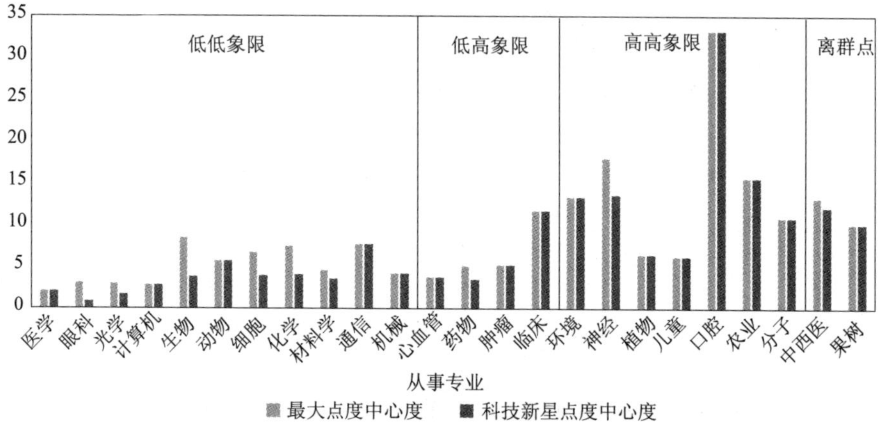

图 3-7　24 个专业最大点度中心度与科技新星最大点度中心度分布图

作者的中介中心性大小反映了作者在合作网络的搭建中所起到的作用，中介中心性越大其在网络中的作用就越大，缺少他会导致合作网络连接中断。图 3-8 展示了 24 个专业最大中介中心度与科技新星最大中介中心度分布，横轴坐标的“从事专业”根据图 3-3 的四象限图进行了排序。相对而言，位于高高象限和离群点的专业拥有较高的点度中心度和中介中心度，中介中心度尤其明显。

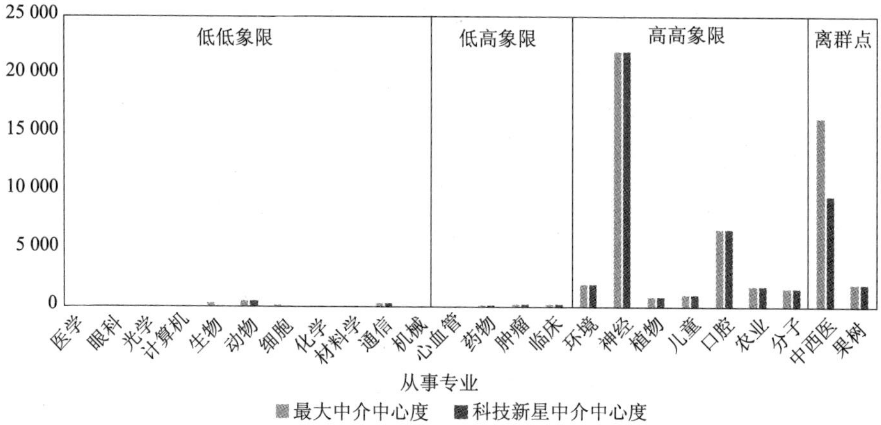

图 3-8　24 个专业最大中介中心度与科技新星最大中介中心度分布图

点度中心度反映了该节点位于整个网络的位置。从科技新星点度中心度来看，高高象限的口腔专业形成的合作网络中，最大的点度中心度高于其他专业，其对应的科技新星王松灵与 33 人次具有合作关系。但是在表征对网络“控制能力”指数测度的中介性指标上，口腔专业却不如同在高高象限的神经专业和离群点的中西医专业。口腔专业的科技新星王松灵同时又具有最高的中介中心度，在口腔专业形成的合作网络中拥有较大的控制权力和中间影响力。

其次为神经专业。神经专业具有最大点度中心度的作者并非是科技新星，科技新星排第一的是张成岗，他在该专业形成的合作网络中点度中心度排第二，与13人次具有合作关系。神经专业拥有最大的中介中心度，而拥有该中介中心度的是另一位科技新星张建国。

中西医专业拥有较高的点度中心度和中介中心度，但是拥有最高点度中心度和中介中心度的都不是科技新星。赵慧辉是科技新星中拥有最高点度中心度的，他在中西医合作网络中排名第三，与12人次具有合作关系。赵京霞是科技新星中拥有最高中介中心度的，她在中西医合作网络中排名第三，其中介中心度只有该专业中排名第一的中介中心度的0.59倍。

除了口腔专业，环境专业、计算机专业、农业专业、心血管专业、临床专业、植物专业、肿瘤专业、医学专业、分子专业、机械专业、儿童专业、果树专业、通信专业、动物专业的科技新星，都拥有各自专业形成的合作网络中最大的点度中心度，说明在这些专业中科技新星具有领头羊的作用，在网络中处于核心位置。

从科技新星中介中心度来看，除了口腔专业和神经专业，环境专业、计算机专业、农业专业、心血管专业、口腔专业、植物专业、医学专业、分子专业、机械专业、儿童专业、通信专业、动物专业的科技新星，都拥有各自专业形成的合作网络中最大的中介中心度，说明在这些专业中科技新星对于网络中信息的传播起到了很重要的中介作用。

另外值得一提的是，低低象限的眼科、光学、生物和化学专业点度中心度排名第一的科技新星，在各自专业形成的合作网络里，排名都在四名以外，眼科专业甚至排到第十名。中介中心度方面，生物和材料学专业值得关注。图 3 －9 给出了 24 个专业点度中心度和中介中心度排名第一的科技新星，在各自专业的合作网络里的排名，横轴坐标“从事专业”根据图 3 －3 的四象限图进行了排序。

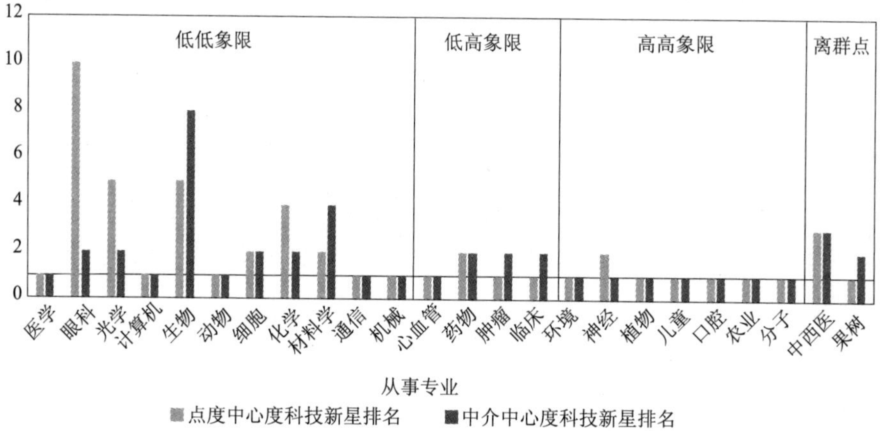

图 3 －9　24 个专业科技新星的点度中心度和中介中心度排名

第4章　新星计划科研合作网络可视化分析

4.1　全局作者合作网络可视化分析

基于中国期刊网（CNKI）、Web of Science（WOS）数据库，结合历年科技新星计划年度考核信息表中收录的论文发表情况，以及部分补充调研结果，查找到的24个专业科技新星发表的论文，本课题通过两种视图来查看每个专业涉及的所有作者的合作网络：

（1）标签视图：使用一个圆圈和标签（作者名字）来代表一个元素，圆圈大小代表该作者出现的次数，拥有相同颜色的圆圈属于同一个聚类。为了避免标签重叠，标签视图一般只显示标签的子集。

（2）密度视图：图谱上每一点都会根据该点项目的密度来填充颜色，密度越大，越接近红色；密度越小，越接近蓝色。密度大小依赖周围区域的作者和这些作者的权值。密度视图可以用来快速查看重要的合作子网及子网核心作者。

4.1.1　材料学专业

材料学专业共有93名科技新星，共搜索到724篇参考文献，涉及的作者人数达1 354人。发表论文最多的是2002年科技新星张永忠，共38篇，其连接线总长度达171。将论文信息导入社会分析软件之后，形成如图4－1所示的标签视图（左图）和密度视图(右图)。

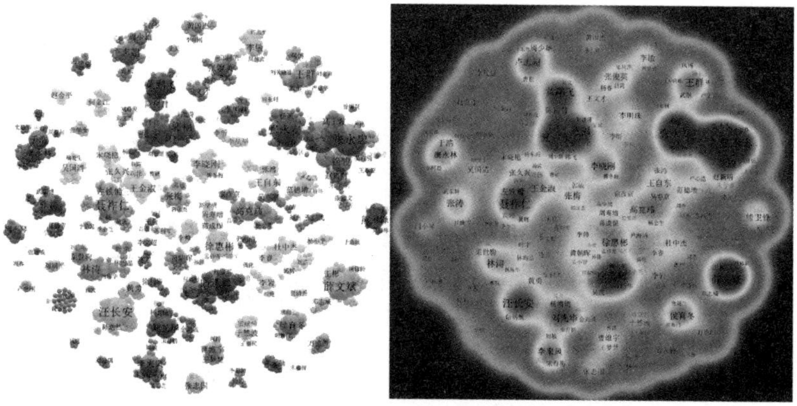

图 4－1　材料学专业作者合作网络图

由图 4－1 可以看到，作者合作网络被分成很多个聚类，共 65 个，最大的聚类涉及 49 名作者。由右边的密度视图可明显看到，材料学专业有 6 个聚类具有很高的密度，其中 5 个聚类是以科技新星为代表：聚类 1：3 人；聚类 2：3 人；聚类 3：1 人；聚类 4：2 人；聚类 5：1 人。

4.1.2　生物专业

生物专业共有 90 名科技新星，共搜索到 486 篇参考文献，涉及的作者人数达 1 107 人。发表论文最多的是 2013 年科技新星陈建新，共 65 篇，其连接线总长度达 370。将论文信息导入社会分析软件之后，形成如图 4－2 所示的标签视图（左图）和密度视图（右图）。

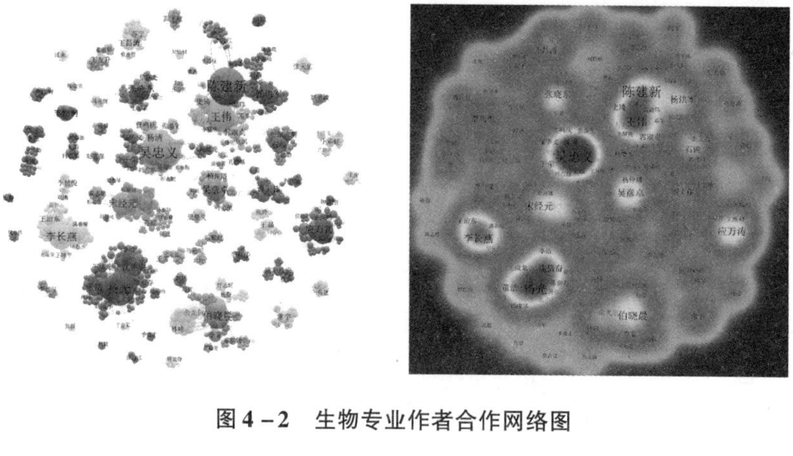

图 4－2　生物专业作者合作网络图

由图4－2可以看到，作者合作网络被分成很多个聚类，共66个，最大的聚类涉及57名作者。由右边的密度视图可明显看到，生物专业有4个聚类具有很高的密度，其中3个聚类是以科技新星为代表：聚类1：1人；聚类2：1人；聚类3：1人。

4.1.3 神经专业

神经专业共有88名科技新星，共搜索到920篇参考文献，涉及的作者人数达1 486人。发表论文最多的是1996年科技新星张亚卓，共188篇，其连接线总长度达718。将论文信息导入社会分析软件之后，形成如图4－3所示的标签视图（左图）和密度视图（右图）。

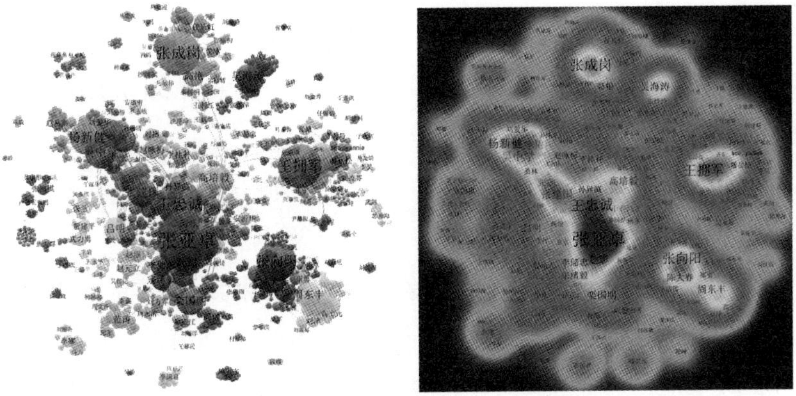

图4－3 神经专业作者合作网络图

由图4－3可以看到，作者合作网络被分成很多个聚类，共66个，最大的聚类涉及76名作者。由右边的密度视图可明显看到，神经专业有4个聚类具有很高的密度，其中3个聚类是以科技新星为代表：聚类1：3人；聚类2：1人；聚类3：1人。

4.1.4 环境专业

环境专业共有87名科技新星，共搜索到889篇参考文献，涉及的作者人数达1 535人。发表论文最多的是2009年科技新星廖日红，共89篇，其连接线总长度达344。将论文信息导入社会分析软件之后，形成如图4－4所示的标签视图（左图）和密度视图（右图）。

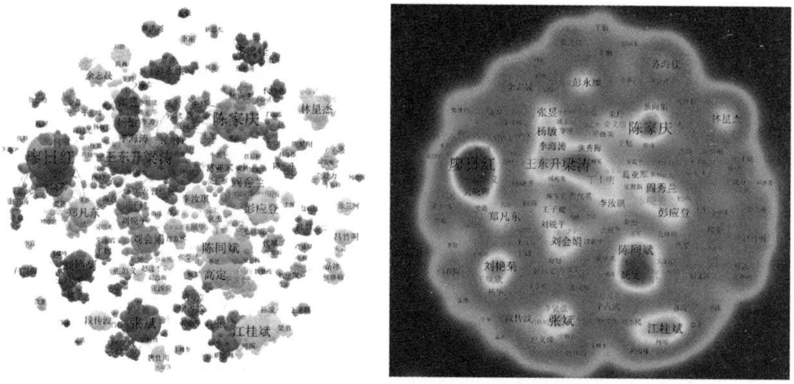

图 4 –4　环境专业作者合作网络图

由图 4 – 4 可以看到，作者合作网络被分成很多个聚类，共 81 个，最大的聚类涉及 60 名作者。由右边的密度视图可明显看到，神经专业有 4 个聚类具有很高的密度，其中 3 个聚类是以科技新星为代表：聚类 1：1 人；聚类 2：2 人；聚类 3：1 人。

4.1.5　计算机专业

计算机专业共有 71 名科技新星，共搜索到 351 篇参考文献，涉及的作者人数达 597 人。发表论文最多的是 2004 年科技新星魏峻，共 25 篇，其连接线总长度达 85。将论文信息导入社会分析软件之后，形成如图 4 – 5 所示的标签视图（左图）和密度视图(右图)。

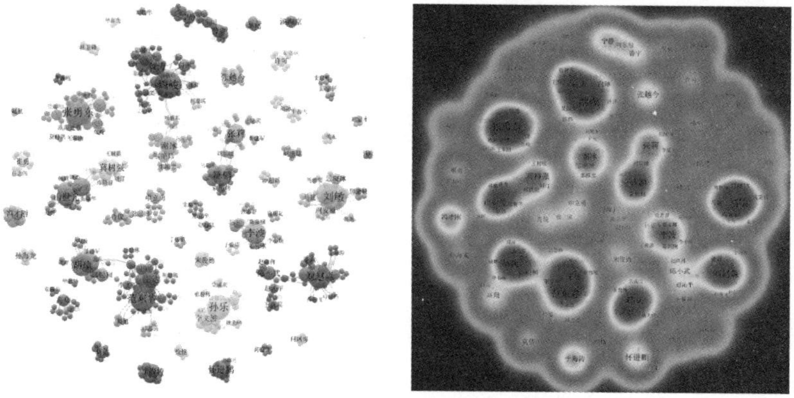

图 4 –5　计算机专业作者合作网络图

由图 4 -5 可以看到，作者合作网络被分成很多个聚类，共 54 个，最大的聚类涉及 35 名作者。由右边的密度视图可明显看到，计算机专业有 11 个聚类具有很高的密度，其中 11 个聚类是以科技新星为代表：聚类 1：1 人；聚类 2：1 人；聚类 3：2 人；聚类 4：1 人；聚类 5：2 人；聚类 6：1 人；聚类 7：1 人；聚类 8：1 人；聚类 9：1 人；聚类 10：1 人；聚类 11：1 人。

4.1.6　农业专业

农业专业共有 68 名科技新星，共搜索到 1 104 篇参考文献，涉及的作者人数达 1 244 人。发表论文最多的是 2004 年科技新星赵晓燕，共 107 篇，其连接线总长度达 425。将论文信息导入社会分析软件之后，形成如图 4 -6 所示的标签视图（左图）和密度视图（右图）。

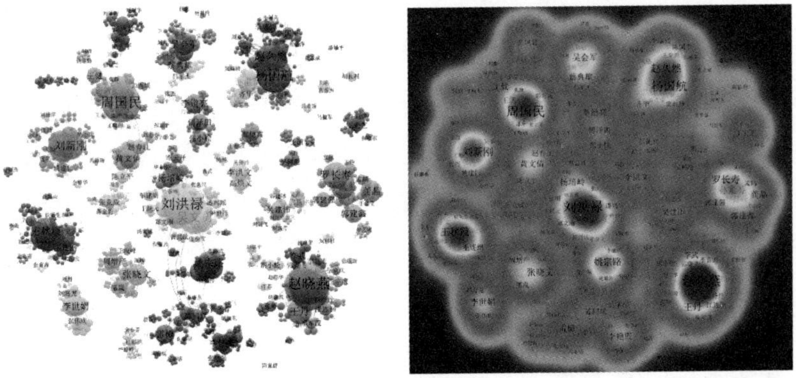

图 4 -6　农业专业作者合作网络图

由图 4 -6 可以看到，作者合作网络被分成很多个聚类，共 69 个，最大的聚类涉及 64 名作者。由右边的密度视图可明显看到，农业专业有 6 个聚类具有很高的密度，其中 6 个聚类是以科技新星为代表：聚类 1：1 人；聚类 2：1 人；聚类 3：1 人；聚类 4：1 人；聚类 5：1 人；聚类 6：1 人。

4.1.7　心血管专业

心血管专业共有 47 名科技新星，共搜索到 267 篇参考文献，涉及的作者人数达 746 人。发表论文最多的是非科技新星王绿娅，共 25 篇，其连接线总长度达 142。将论文信息导入社会分析软件之后，形成如图 4 – 7 所示的标签视图（左图）和密度视图（右图）。

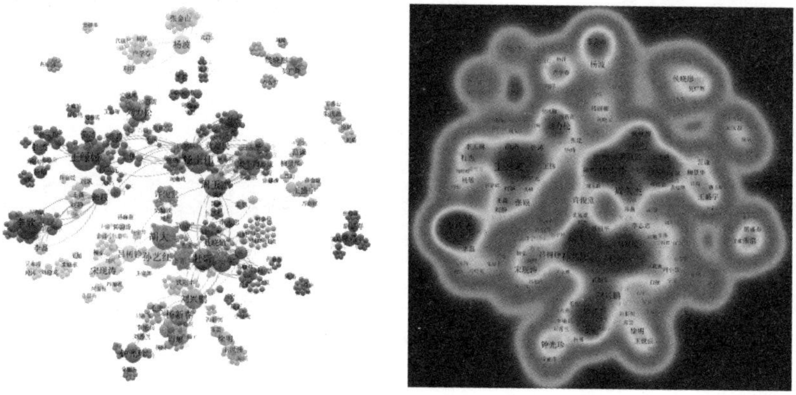

图 4 – 7　心血管专业作者合作网络图

由图 4 – 7 可以看到，作者合作网络被分成很多个聚类，共 29 个，最大的聚类涉及 47 名作者。由右边的密度视图可明显看到，心血管专业有 4 个聚类有很高的密度，其中 4 个聚类是以科技新星为代表：聚类 1：1 人；聚类 2：1 人；聚类 3：3 人；聚类 4：1 人。

4.1.8　口腔专业

口腔专业共有 43 名科技新星，共搜索到 631 篇参考文献，涉及的作者人数达 717 人。发表论文最多的是 1994 年科技新星王松灵，共 267 篇，其连接线总长度达 889。将论文信息导入社会分析软件之后，形成如图 4 – 8 所示的标签视图（左图）和密度视图（右图）。

由图 4 – 8 可以看到，作者合作网络被分成很多个聚类，共 56 个，最大的聚类涉及 40 名作者。由右边的密度视图可明显看到，口腔专业有 1 个聚类具有很高的密度，其中 1 个聚类是以科技新星为代表：聚类 1：1 人。

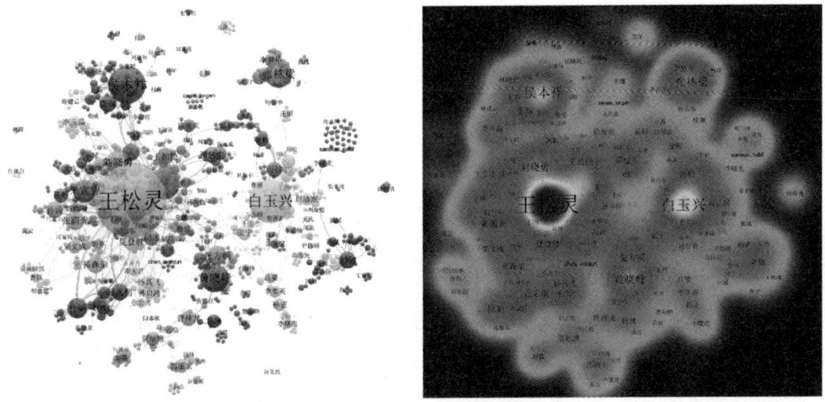

图 4-8　口腔专业作者合作网络图

4.1.9　化学专业

化学专业共有 39 名科技新星，共搜索到 278 篇参考文献，涉及的作者人数达 510 人。发表论文最多的是 2004 年科技新星杨超，共 65 篇，其连接线总长度达 201。将论文信息导入社会分析软件之后，形成如图 4-9 所示的标签视图（左图）和密度视图(右图)。

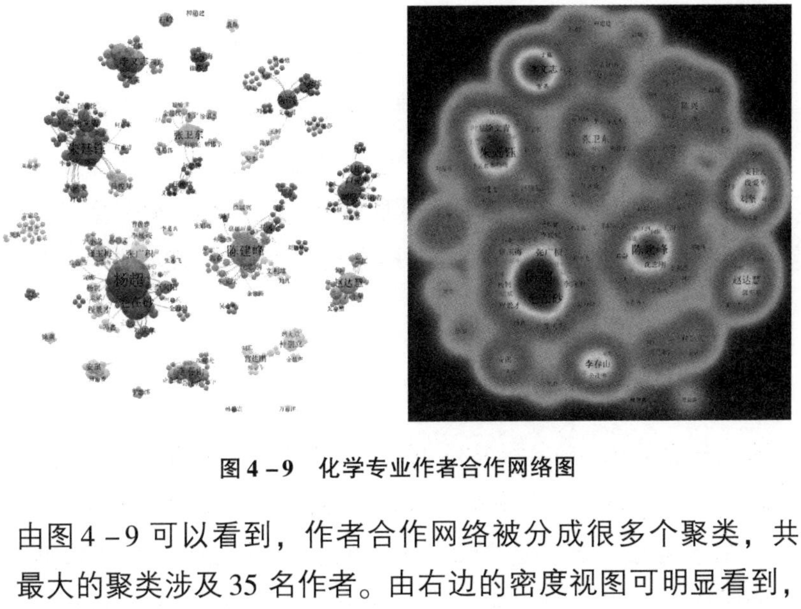

图 4-9　化学专业作者合作网络图

由图 4-9 可以看到，作者合作网络被分成很多个聚类，共 47 个，最大的聚类涉及 35 名作者。由右边的密度视图可明显看到，化学专业有 4 个聚类具有很高的密度，其中 4 个聚类是以科技新星为代表：聚类 1：1 人；聚类 2：1 人；聚类 3：1 人；聚类 4：1 人。

4.1.10 临床专业

临床专业共有 39 名科技新星，共搜索到 247 篇参考文献，涉及的作者人数达 700 人。发表论文最多的是 1997 年科技新星张澍田，共 57 篇，其连接线总长度达 203。将论文信息导入社会分析软件之后，形成如图 4－10 所示的标签视图（左图）和密度视图（右图）。

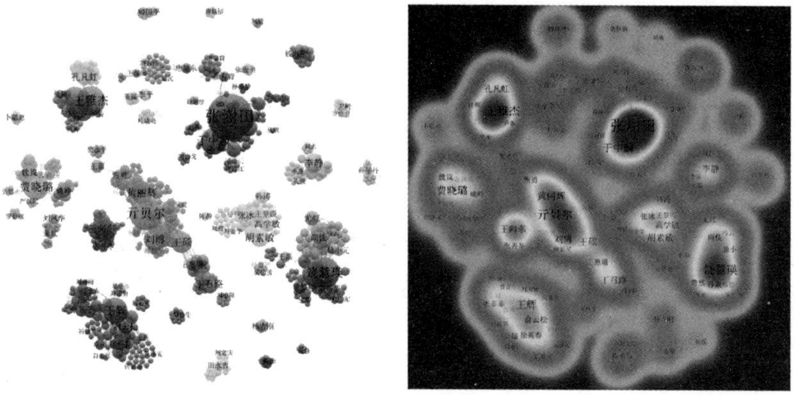

图 4－10 临床专业作者合作网络图

由图 4－10 可以看到，作者合作网络被分成很多个聚类，共 35 个，最大的聚类涉及 65 名作者。由右边的密度视图可明显看到，临床专业有 4 个聚类具有很高的密度，其中 4 个聚类是以科技新星为代表：聚类 1：1 人；聚类 2：1 人；聚类 3：1 人；聚类 4：1 人。

4.1.11 植物专业

植物专业共有 35 名科技新星，共搜索到 441 篇参考文献，涉及的作者人数达 849 人。发表论文最多的是 2005 年科技新星曹兵，共 56 篇，其连接线总长度达 282。将论文信息导入社会分析软件之后，形成如图 4－11 所示的标签视图（左图）和密度视图（右图）。

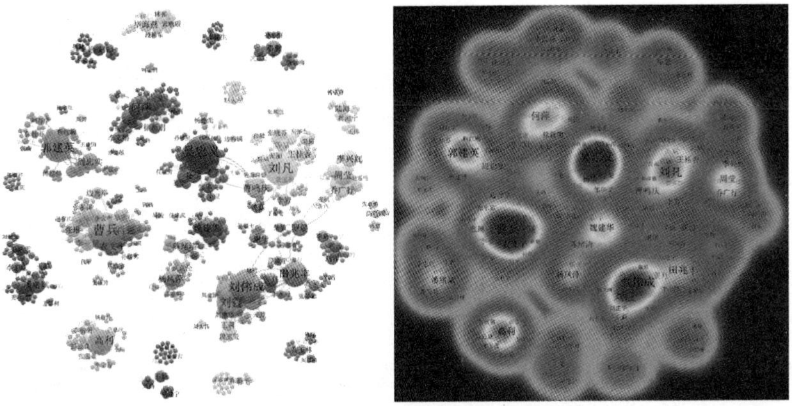

图 4－11　植物专业作者合作网络图

由图 4－11 可以看到，作者合作网络被分成很多个聚类，共 39 个，最大的聚类涉及 57 名作者。由右边的密度视图可明显看到，植物专业有 3 个聚类具有很高的密度，其中 1 个聚类是以科技新星为代表：聚类 1：1 人。

4.1.12　肿瘤专业

肿瘤专业共有 35 名科技新星，共搜索到 267 篇参考文献，涉及的作者人数达 572 人。发表论文最多的是 1997 年科技新星王笑民，共 98 篇，其连接线总长度达 426。将论文信息导入社会分析软件之后，形成如图 4－12 所示的标签视图（左图）和密度视图（右图）。

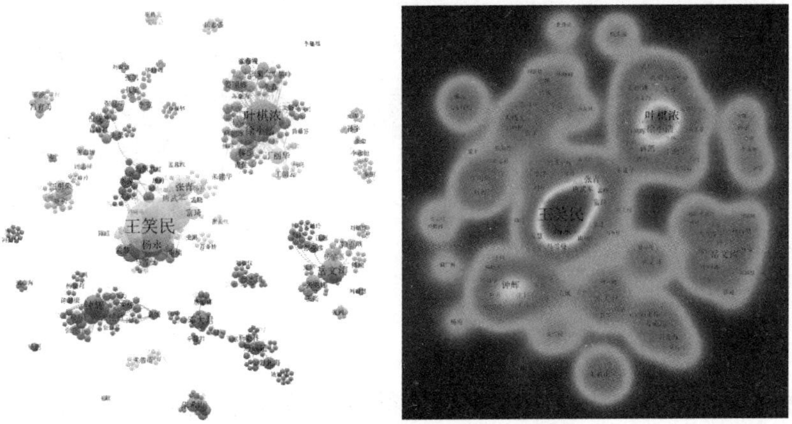

图 4－12　肿瘤专业作者合作网络图

由图4－12可以看到，作者合作网络被分成很多个聚类，共34个，最大的聚类涉及46名作者。由右边的密度视图可明显看到，肿瘤专业有2个聚类具有很高的密度，其中1个聚类是以科技新星为代表：聚类1：1人。

4.1.13 眼科专业

眼科专业共有31名科技新星，共搜索到128篇参考文献，涉及的作者人数达244人。发表论文最多的是2005年科技新星张伟，共17篇，其连接线总长度达64。将论文信息导入社会分析软件之后，形成如图4－13所示的标签视图（左图）和密度视图（右图）。

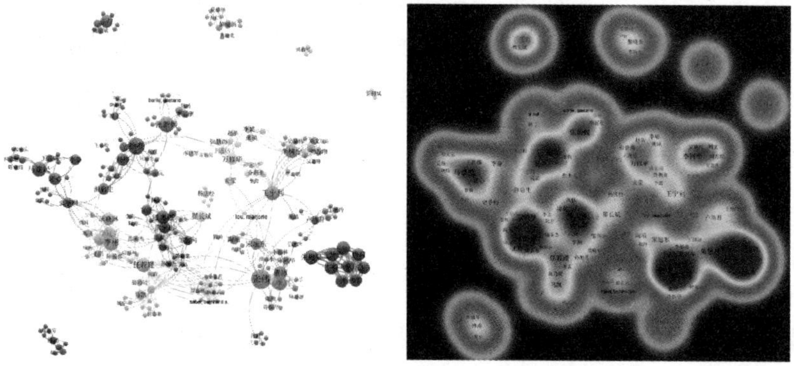

图4－13 眼科专业作者合作网络图

由图4－13可以看到，作者合作网络被分成很多个聚类，共19个，最大的聚类涉及25名作者。由右边的密度视图可明显看到，眼科专业有6个聚类具有很高的密度，其中6个聚类是以科技新星为代表：聚类1：1人；聚类2：1人；聚类3：1人；聚类4：1人；聚类5：1人；聚类6：1人。

4.1.14 医学专业

医学专业共有31名科技新星，共搜索到111篇参考文献，涉及的作者人数达352人。发表论文最多的是非科技新星钱渊，共18篇，其连接线总长度达172。

将文献信息导入社会分析软件之后，形成如图 4 – 14 所示的标签视图（左图）和密度视图（右图）。由图 4 – 14 可以看到，作者合作网络被分成很多个聚类，共 25 个，最大的聚类涉及 39 名作者。由右边的密度视图可明显看到，医学专业有 3 个聚类具有很高的密度，其中 2 个聚类是以科技新星为代表：聚类 1：3 人；聚类 2：1 人。

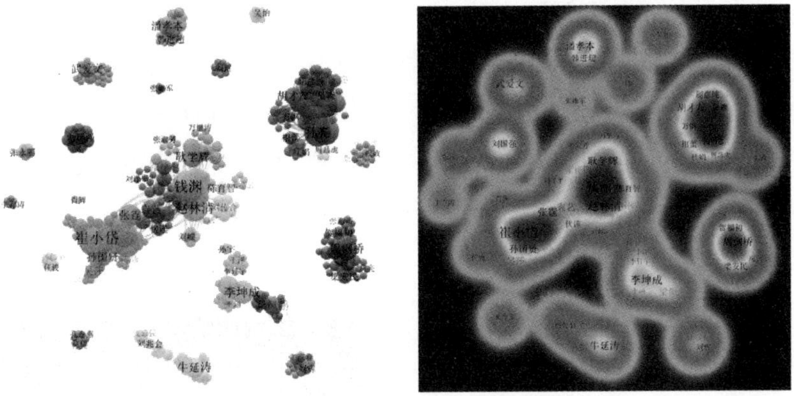

图 4 – 14　医学专业作者合作网络图

4.1.15　分子专业

分子专业共有 27 名科技新星，共搜索到 461 篇参考文献，涉及的作者人数达 735 人。发表论文最多的是 2003 年科技新星于继云，共 92 篇，其连接线总长度达 536。将论文信息导入社会分析软件之后，形成如图 4 – 15 所示的标签视图（左图）和密度视图（右图）。

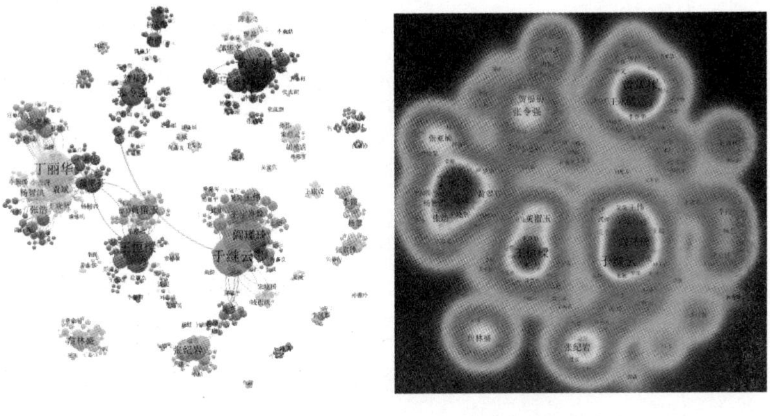

图 4 – 15　分子专业作者合作网络图

由图 4 – 15 可以看到，作者合作网络被分成很多个聚类，共 39 个，最大的聚类涉及 55 名作者。由右边的密度视图可明显看到，分子专业有 4 个聚类具有很高的密度，其中 4 个聚类是以科技新星为代表：聚类 1：1 人；聚类 2：2 人；聚类 3：1 人；聚类 4：1 人。

4.1.16 机械专业

机械专业共有 27 名科技新星，共搜索到 232 篇参考文献，涉及的作者人数达 307 人。发表论文最多的是 2002 年科技新星陈树君，共 42 篇，其连接线总长度达 144。将论文信息导入社会分析软件之后，形成如图 4 – 16 所示的标签视图（左图）和密度视图（右图）。

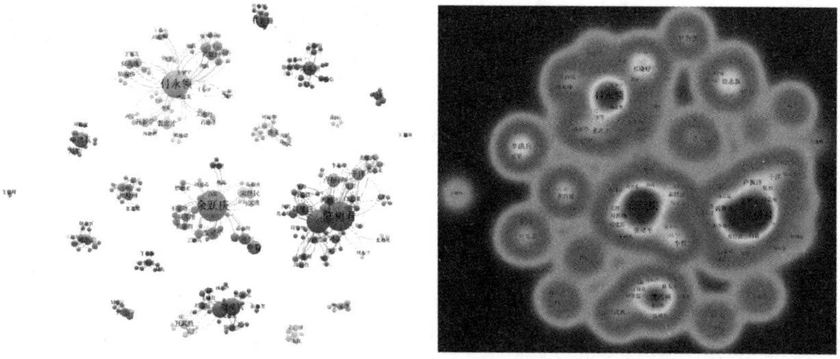

图 4 – 16　机械专业作者合作网络图

由图 4 – 16 可以看到，作者合作网络被分成很多个聚类，共 40 个，最大的聚类涉及 23 名作者。由右边的密度视图可明显看到，机械专业有 4 个聚类具有很高的密度，其中 4 个聚类是以科技新星为代表：聚类 1：1 人；聚类 2：1 人；聚类 3：1 人；聚类 4：1 人。

4.1.17 儿童专业

儿童专业共有 26 名科技新星，共搜索到 364 篇参考文献，涉及的作者人数达 766 人。发表论文最多的是非科技新星杨永弘，共 43 篇，其连接线总长度达 266。将论文信息导入社会分析软件之后，形成如图 4 – 17 所示的标签视图（左图）和密度视图（右图）。

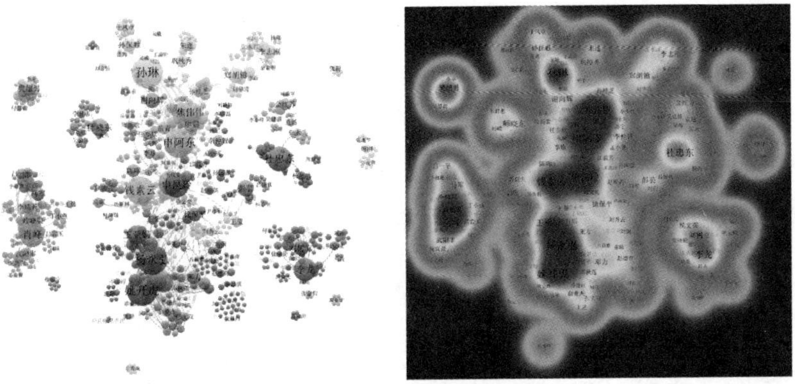

图 4 – 17　儿童专业作者合作网络图

由图 4 – 17 可以看到，作者合作网络被分成很多个聚类，共 34 个，最大的聚类涉及 61 名作者。由右边的密度视图可明显看到，儿童专业有 5 个聚类具有很高的密度，其中 5 个聚类是以科技新星为代表：聚类1：6 人；聚类2：1 人；聚类3：1 人；聚类4：1 人；聚类 5：1 人。

4.1.18　中西医专业

中西医专业共有 25 名科技新星，共搜索到 789 篇参考文献，涉及的作者人数达 1 222 人。发表论文最多的是非科技新星王伟，共 117 篇，其连接线总长度达 601。将论文信息导入社会分析软件之后，形成如图 4 – 18 所示的标签视图（左图）和密度视图（右图）。

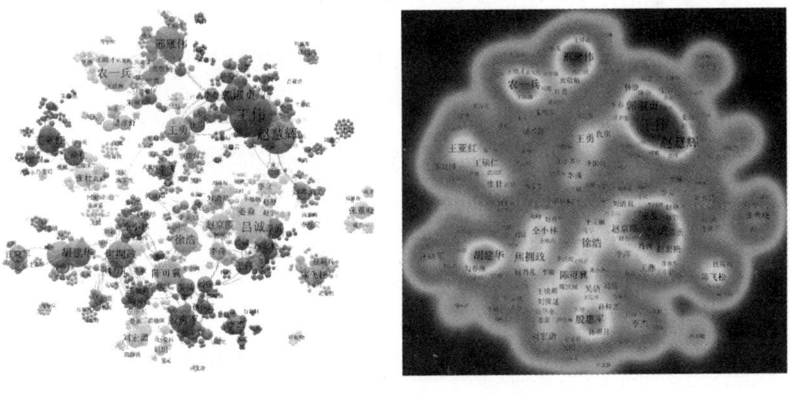

图 4 – 18　中西医专业作者合作网络图

由图 4－18 可以看到，作者合作网络被分成很多个聚类，共 46 个，最大的聚类涉及 72 名作者。由右边的密度视图可明显看到，中西医专业有 7 个聚类具有很高的密度，其中 7 个聚类是以科技新星为代表：聚类 1：2 人；聚类 2：2 人；聚类 3：1 人；聚类 4：1 人；聚类 5：1 人；聚类 6：1 人；聚类 7：1 人。

4.1.19　细胞专业

细胞专业共有 23 名科技新星，共搜索到 159 篇参考文献，涉及的作者人数达 301 人。发表论文最多的是 2014 年科技新星王雪茜，共 75 篇，其连接线总长度达 363。将论文信息导入社会分析软件之后，形成如图 4－19 所示的标签视图（左图）和密度视图（右图）。

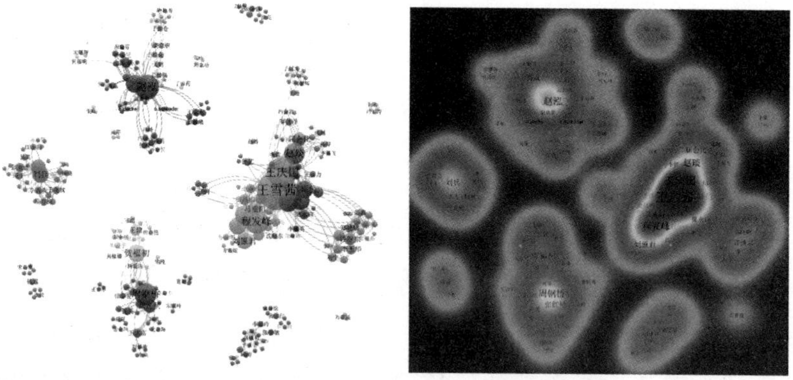

图 4－19　细胞专业作者合作网络图

由图 4－19 可以看到，作者合作网络被分成很多个聚类，共 28 个，最大的聚类涉及 32 名作者。由右边的密度视图可明显看到，细胞专业有 1 个聚类具有很高的密度，其中 1 个聚类是以科技新星为代表：聚类 1：1 人。

4.1.20　果树专业

果树专业共有 22 名科技新星，共搜索到 757 篇参考文献，涉及的作者人数达 491 人。发表论文最多的是 1998 年科技新星张开春，共 184 篇，其连接线总长度达 796。将论文信息导入社会分析软件之后，形成如图 4－20 所示的标签视图（左图）和密度视图（右图）。

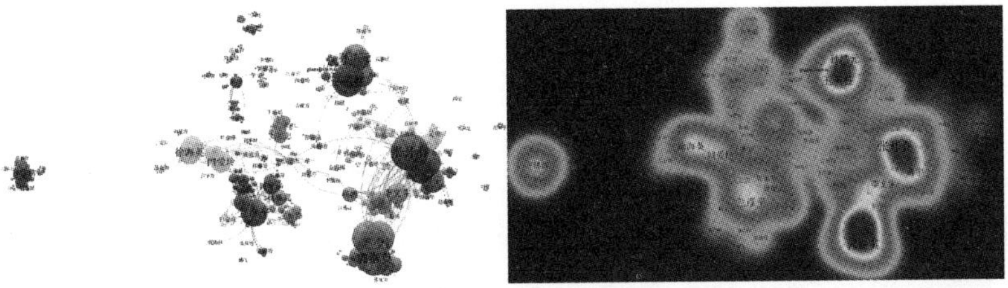

图 4－20　果树专业作者合作网络图

由图 4－20 可以看到，作者合作网络被分成很多个聚类，共 34 个，最大的聚类涉及 39 名作者。由右边的密度视图可明显看到，果树专业有 3 个聚类具有很高的密度，其中 3 个聚类是以科技新星为代表：聚类 1：1 人；聚类 2：2 人；聚类 3：1 人。

4.1.21　通信专业

通信专业共有 22 名科技新星，共搜索到 179 篇参考文献，涉及的作者人数达 255 人。发表论文最多的是 2010 年科技新星吴斌，共 49 篇，其连接线总长度达 142。将论文信息导入社会分析软件之后，形成如图 4－21 所示的标签视图（左图）和密度视图（右图）。

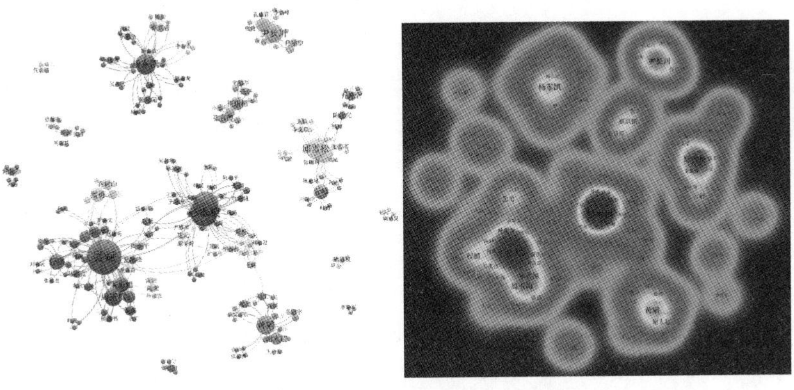

图 4－21　通信专业作者合作网络图

由图 4－21 可以看到，作者合作网络被分成很多个聚类，共 32 个，最大的聚类涉及 22 名作者。由右边的密度视图可明显看到，通信专业有 3 个聚类具有很高的密度，其中 3 个聚类是以科技新星为代表：聚类 1：1 人；聚类 2：1 人；聚类 3：1 人。

4.1.22　药物专业

药物专业共有 22 名科技新星，共搜索到 156 篇参考文献，涉及的作者人数达 346 人。发表论文最多的是 2006 年科技新星靳洪涛，共 50 篇，其连接线总长度达 254。将论文信息导入社会分析软件之后，形成如图 4－22 所示的标签视图（左图）和密度视图（右图）。

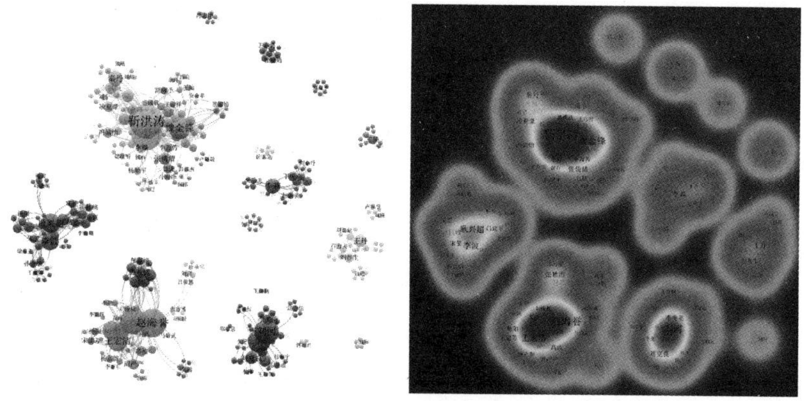

图 4－22　药物专业作者合作网络图

由图 4－22 可以看到，作者合作网络被分成很多个聚类，共 29 个，最大的聚类涉及 42 位作者。由右边的密度视图可明显看到，药物专业有 3 个聚类具有很高的密度，其中 3 个聚类是以科技新星为代表：聚类 1：1 人；聚类 2：1 人；聚类 3：1 人。

4.1.23　光学专业

光学专业共有 22 名科技新星，共搜索到 107 篇参考文献，涉及的作者人数达 196 人。发表论文最多的是 1996 年科技新星樊仲维，共 35 篇，其连接线总长度达 212。将论文信息导入社会分析软件之后，形成如图 4－23 所示的标签视图（左图）和密度视图（右图）。

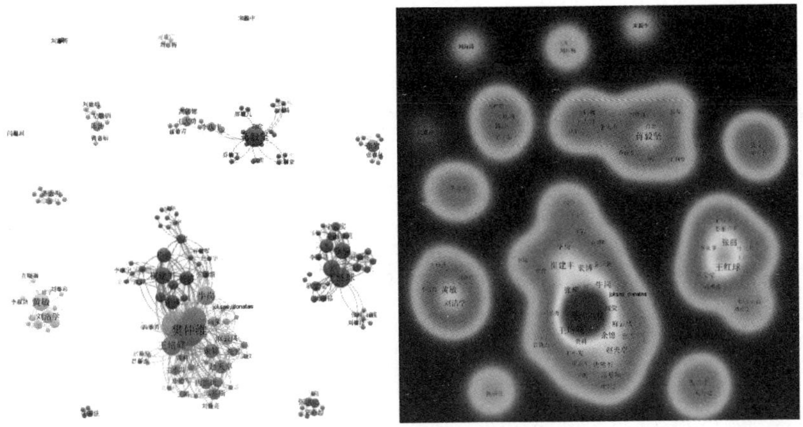

图 4－23　光学专业作者合作网络图

由图 4－23 可以看到，作者合作网络被分成很多个聚类，共 20 个，最大的聚类涉及 24 位作者。由右边的密度视图可明显看到，光学专业有 1 个聚类具有很高的密度，其中 0 个聚类是以科技新星为代表。

4.1.24　动物专业

动物专业共有 21 名科技新星，共搜索到 135 篇参考文献，涉及的作者人数达 308 人。发表论文最多的是 2007 年科技新星张莉，共 40 篇，其连接线总长度达 187。将论文信息导入社会分析软件之后，形成如图 4－24 所示的标签视图（左图）和密度视图(右图)。

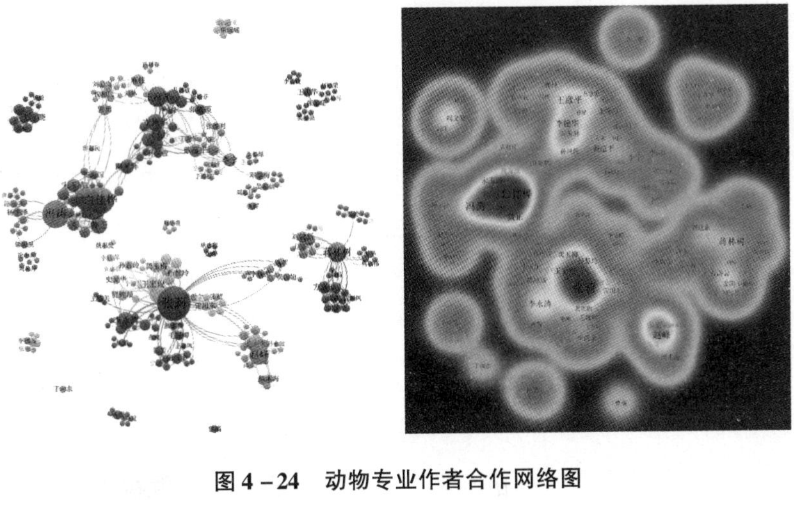

图 4－24　动物专业作者合作网络图

由图4－24可以看到，作者合作网络被分成很多个聚类，共23个，最大的聚类涉及25名作者。由右边的密度视图可明显看到，动物专业有2个聚类具有很高的密度，其中2个聚类是以科技新星为代表：聚类1：1人；聚类2：1人。

4.2 核心作者合作网络可视化分析

在众多的合作网络中总存在着一些核心的学术团队，他们相对稳定、联系紧密且具有较高的学术生产力，推动着学科的发展。普赖斯在1969年出版的《小科学，大科学》一书中指出，撰写全部论文一半的高产作者的数量，等于全部科学作者的平方根，这就是普赖斯定律。发文量是衡量作者学术水平和科研能力的重要指标，核心作者是指那些在本学科研究中造诣较深、获得科研成果较多的学科带头人。

按照普赖斯的理论，发表论文数为 N 篇以上的作者为杰出科学家，即核心作者，计算公式为 $N=0.749\ (n_{max})^{1/2}$，式中 n_{max} 为所统计的年限中发文量最多的作者的论文数，只有那些发表论文数在 $\geqslant N$ 篇之上的作者，才被认为是该领域中的核心作者。根据各专业发文量最多的作者论文数，得到各专业对应的 N，其中口腔专业 N 最大，为12.24；眼科专业 N 最小为3.09。本课题把发文在3篇以上的作者定为核心作者。

根据对作者合作网络的研究，发现作者合作网络一般存在以下四种典型的子网：

孤点型：这种类型的子网表现为网络中的一个孤点，其成因主要有两方面：一是独立研究，不与人合作；二是尚未搭建起稳定的合作团队，与此类核心作者合作的学者论文产量较低，没有太高的显示度。

线型：这种类型的子网表现为作者合作形成的网络属于单一的线性关系，连线中的作者形成网络中的“结构洞”，但连线两端的作者没有直接的合作关系。其中，一个特例就是双核型，这种类型的子网表现为仅有两位作者合作。其成因主要在于某种“亲缘”关系：一是学缘关系，二是同事关系。线型子网虽然表现了一种稳固的研究关系，但其参与范围过于狭窄，不利于新知识的交流与发展。

完备型：这种类型的子网主要表现在它的成员之间存在着比较密切的联系，网络中的资源可以自由流动交换，但较为封闭，基本不会与团队外成员进行多次合作，向外延展性较差。完备型网络有一个明显的特点，就是成员基本属于同一单位或机构。完备型子网容易形成稳定的合作团队，内部成员彼此间具有较为密切的联系，但由于缺少与外界的沟通，消息闭塞而易于丧失收获最新学术信息的机会。

潜力型：这种类型的子网相较于完备型的子网来说具有一定的向外发散性，有继续发展的潜力，其形成主要包括两种情况：一是子网成员处于不同研究团队之中，但团队之间有过合作，因此合作网络得以扩大；二是以一位资深学者为中心，通过该学者与不同的人进行合作从而扩充网络。潜力型网络具有较高的发展潜力，有利于扩充作者合作网络，加大网络间的资源流动，但网络内部不如完备型网络联系紧密，且团队成员的流动性可能较大。

本课题主要分析科技新星之间的合作关系，因此在下文的分析中，将删除网络中的孤点，主要探讨双人型、完备型和潜力型网络模式。

4.2.1　材料学专业

图 4－25 展示了材料学专业 286 名核心作者（56 名科技新星）形成的合作网络，不相关的孤点（含 23 个科技新星孤点）被删除。

可以看到具有合作关系的连通子网有 27 个，平均 9 个节点构成 1 个子网，且每个子网之间相互独立，没有任何边连接。包含一些较大型合作网络，连通性也不够好。其中 10 个子网每个包含至

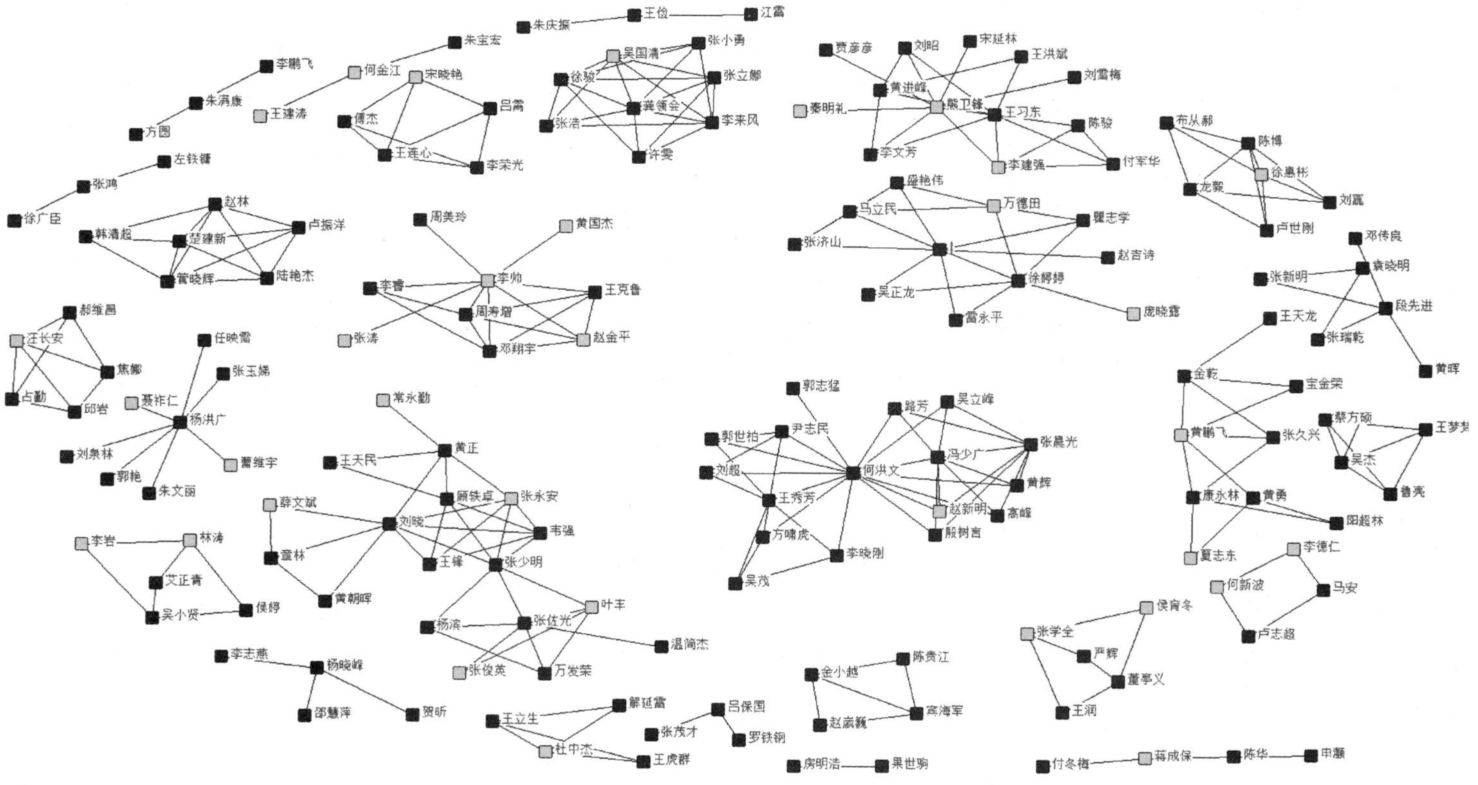

图 4－25　材料学核心作者合作网络图

少2名科技新星，分别是：子网1：何金江和王建涛（线型）；子网2：秦明礼、熊卫锋和李建强（潜力型）；子网3：万德田和庞晓露（潜力型）；子网4：黄国杰、李帅、张涛和赵金平（潜力型）；子网5：聂祚仁和曹维宇（潜力型）；子网6：李岩和林涛（完备型）；子网7：常永勤、薛文斌、张永安、张俊英和叶丰（潜力型）；子网8：张学全和侯育冬（完备型）；子网9：何新波和李德仁（完备型）；子网10：夏志东和黄鹏飞（潜力型）。

4.2.2 生物专业

图4-26展示了生物专业266名核心作者（31名科技新星）形成的合作网络，不相关的孤点（含14个科技新星孤点）被删除。

可以看到具有合作关系的连通子网有13个，平均13个节点构成1个子网，且每个子网之间相互独立，没有任何边连接。包含一个具有40个节点（作者）的较大型网络，该网络中的作者均直接或间接与其他作者产生关联。其中，8个子网包含了17名科技新星（图4-26中标白的部分），有5个子网每个包含至少2名科技新星，分别是：子网1：杨光、李晓明和彭子欣（潜力型）；子网2：伯晓晨和常宇（完备型）；子网3：刘杨和王晶（潜力型）；子网4：应万涛等3人（潜力型）；子网5：梁新杰、吴彦卓、梁果义和李长燕（潜力型）。

4.2.3 神经专业

图4-27展示了神经专业386名核心作者（43名科技新星）形成的合作网络，不相关的孤点（含9个科技新星孤点）被删除。

可以看到具有合作关系的连通子网有9个，平均35个节点构成1个子网。其中，包含1个具有200多个节点（作者）的大型网络，该网络中的作者均直接或间接与其他作者产生关联。其中3个子网每个包含至少2名科技新星，分别是：子网1：姜鹏等24人（潜力型）；子网2：李桂林和吴海涛（完备型）；子网3：李

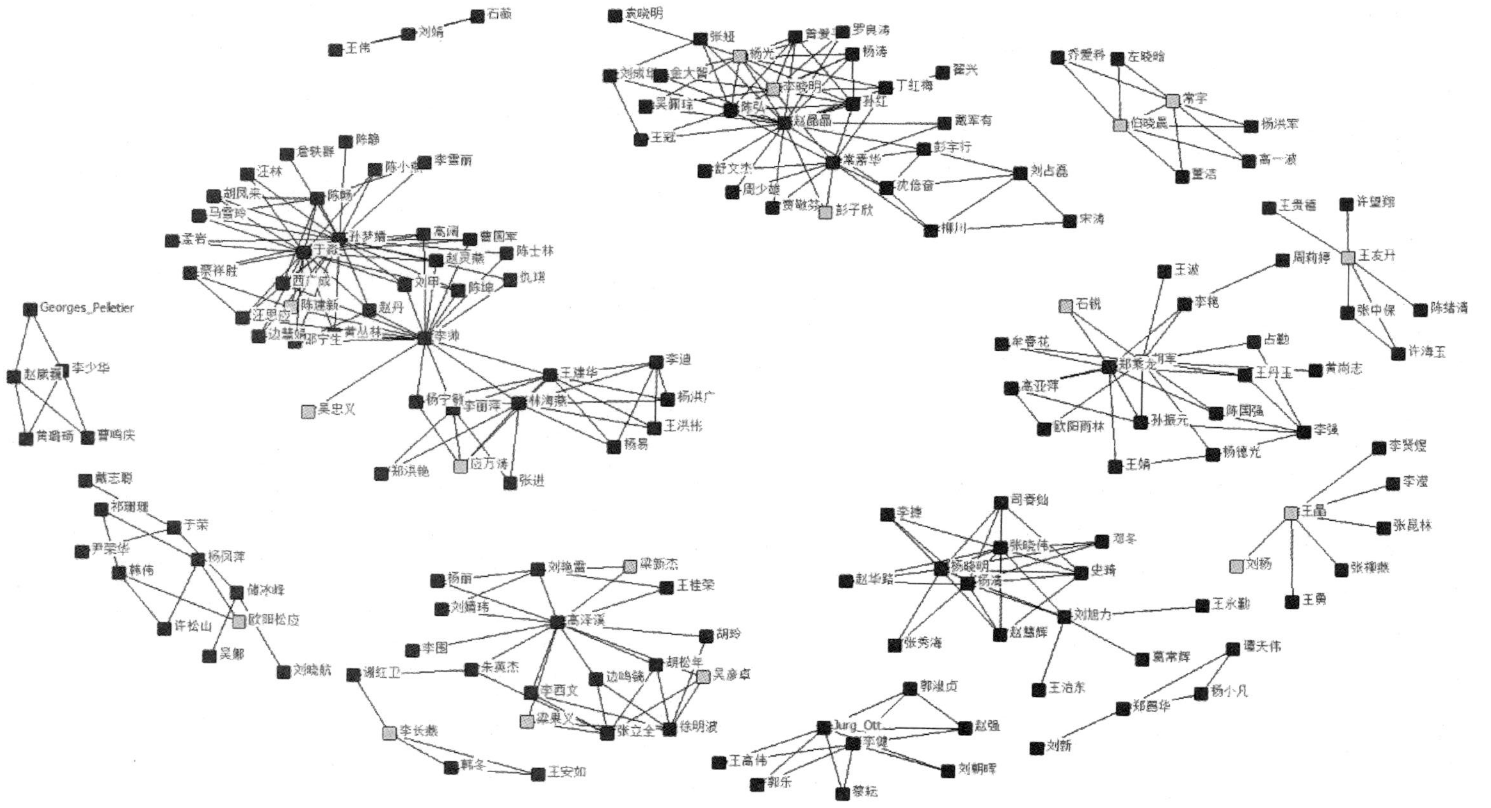

图 4－26　生物专业核心作者合作网络图

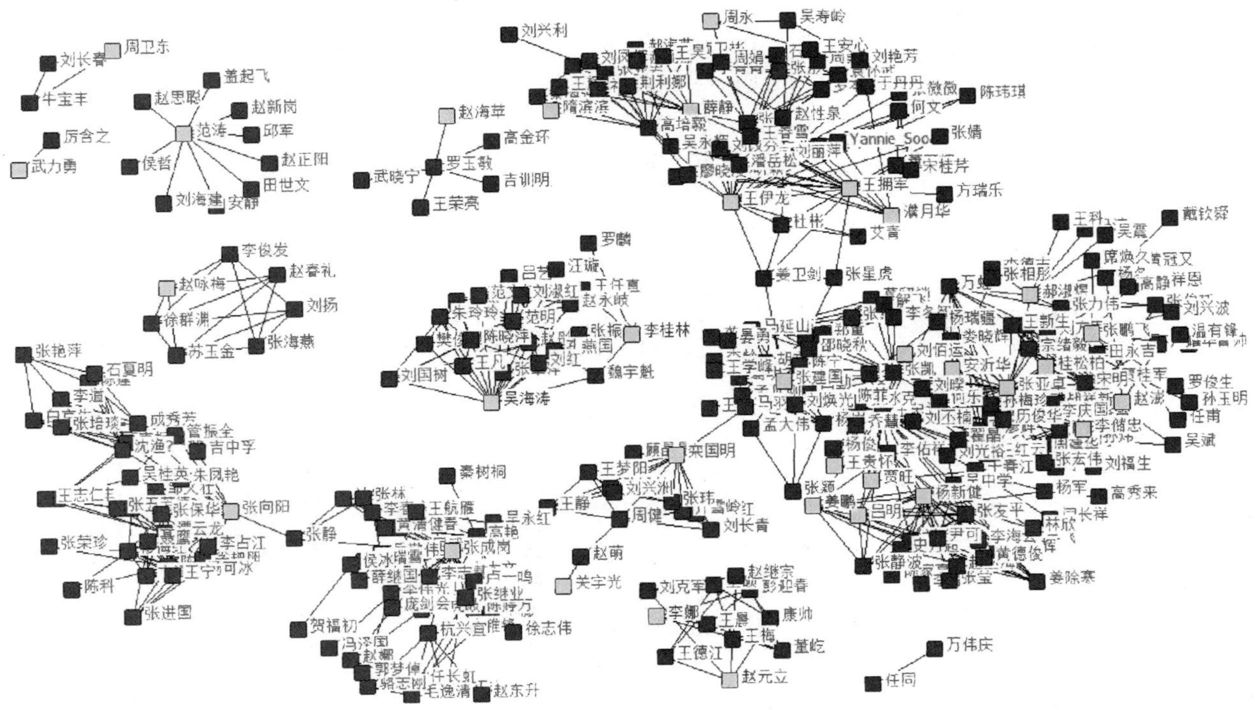

图 4－27　神经专业核心作者合作网络图

娜和赵元立（完备型）。科技新星张成岗、张建国、栾国明、张亚卓、张向阳具有很高的中心性，有力地推动了学者之间的合作与交流。

4.2.4 环境专业

图4-28展示了环境专业315名核心作者（46名科技新星）形成的合作网络，不相关的孤点（含10个科技新星孤点）被删除。

可以看到具有合作关系的连通子网有17个，平均15个节点构成1个子网。其中，包含1个具有100多个节点（作者）的大型网络，该网络中的作者均直接或间接与其他作者产生关联。其中5个子网每个包含至少2名科技新星，分别是：子网1：王东升等10人（潜力型）；子网2：杨华等3人（潜力型）；子网3：刘景富等3人（完备型）；子网4：彭应登等3人（潜力型）；子网5：阎秀兰等3人（潜力型）。科技新星廖日红、陈家庆、梁涛具有很高的中心性，有力地推动了学者之间的合作与交流。

4.2.5 计算机专业

图4-29展示了计算机专业106名核心作者（28名科技新星）形成的合作网络，不相关的孤点（含13个科技新星孤点）被删除。

可以看到具有合作关系的连通子网有13个，平均5个节点构成1个子网，且每个子网之间相互独立，没有任何边连接。没有大型合作网络，连通性不够好。13个子网包含了15名科技新星（图4-29中标白的部分），其中2个子网每个包含至少2名科技新星，分别是：子网1——张莉和陈鹏（潜力型）；子网2——范东睿和胡瑜（潜力型）。

4.2.6 农业专业

图4-30展示了农业专业429名核心作者（48名科技新星）形成的合作网络，不相关的孤点（含1个科技新星孤点）被删除。

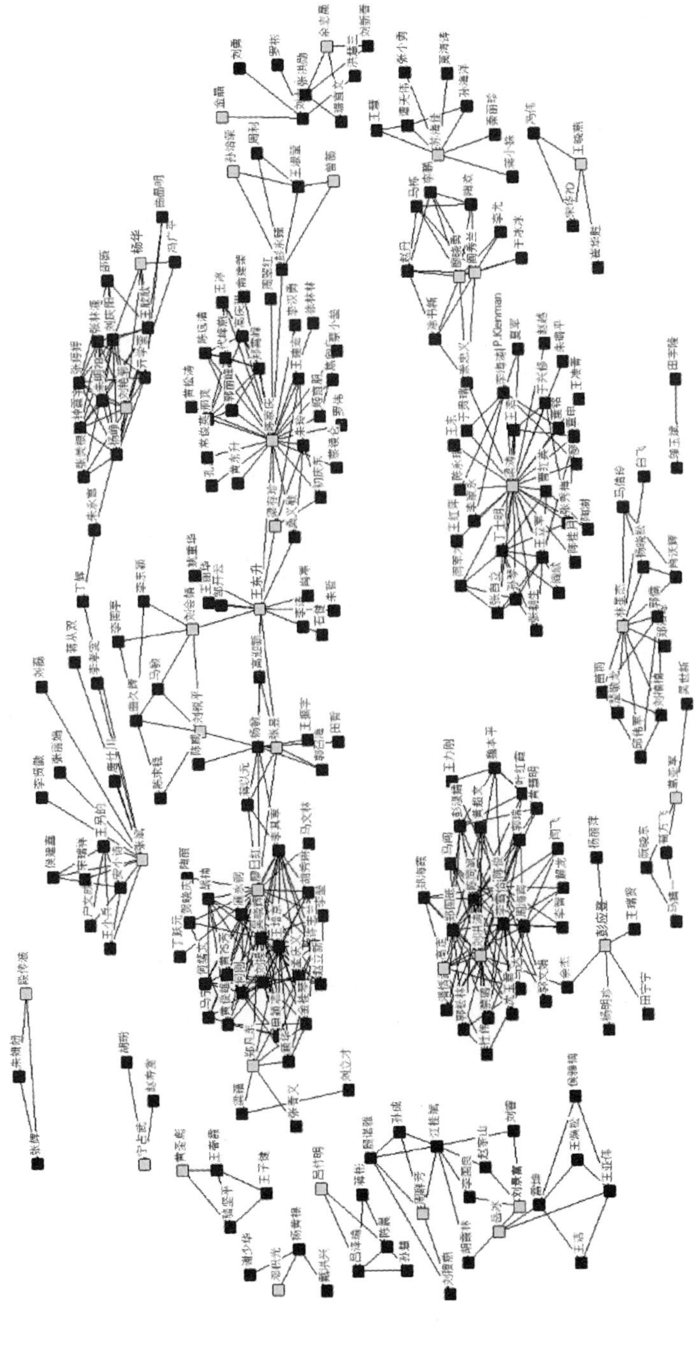

图 4-28 环境专业核心作者合作网络图

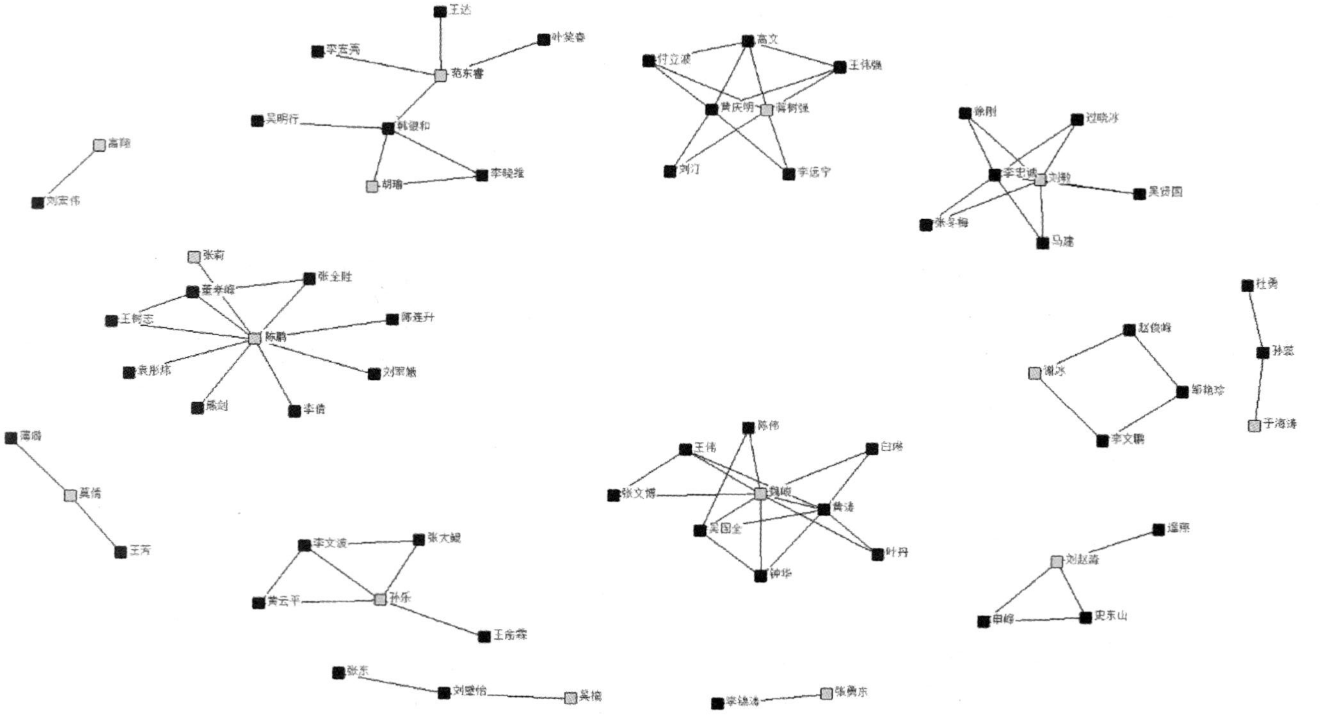

图 4－29　计算机专业核心作者合作网络图

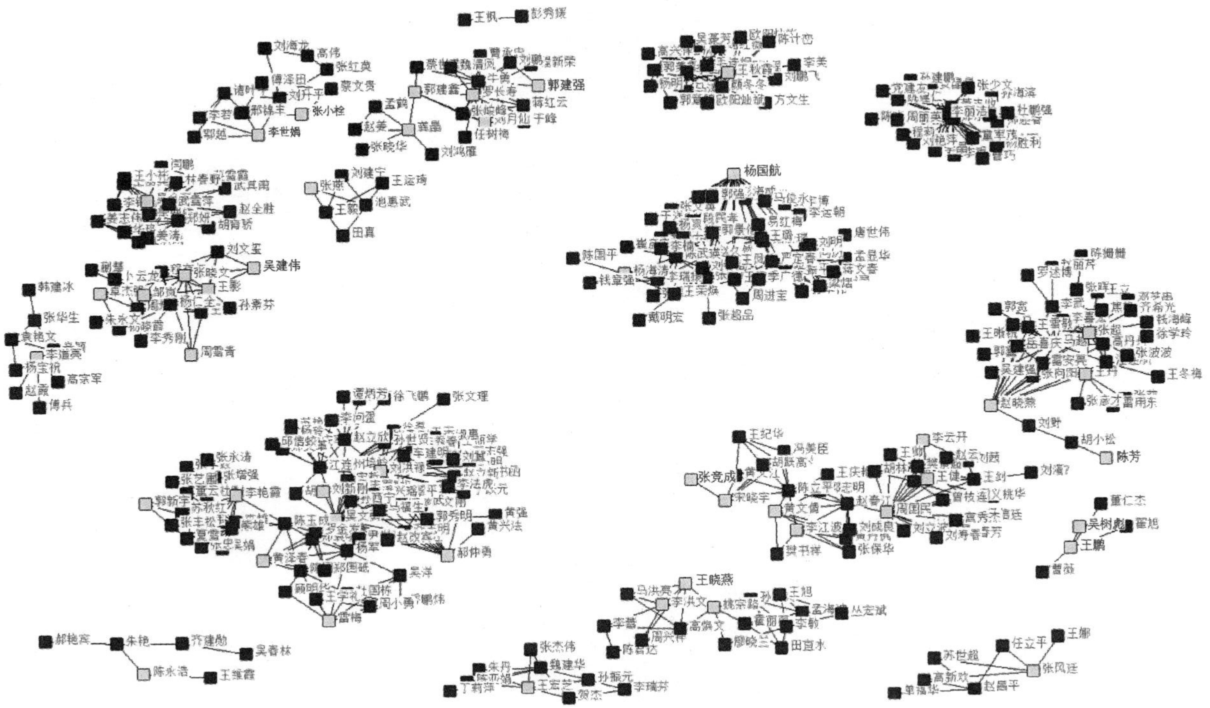

图 4－30　农业专业核心作者合作网络图

可以看到具有合作关系的连通子网有 18 个，平均 20 个节点构成 1 个子网。其中包含 3 个较大型合作网络，该网络中的作者均直接或间接与其他作者产生关联。其中 9 个子网每个包含至少 2 名科技新星，分别是：子网 1：雷梅等 8 人（潜力型）；子网 2：张竞成等 7 人（潜力型）；子网 3：吴建伟等 6 人（潜力型）；子网 4：郭建强等 5 人（潜力型）；子网 5：陈芳等 4 人（潜力型）；子网 6：王晓燕等 3 人（潜力型）；子网 7：杨国航等 2 人（潜力型）；子网 8：王鹏和吴树彪（潜力型）；子网 9：张小栓和李世娟（潜力型）。

科技新星刘洪禄、吴文勇、杨国航、李艳霞具有很高的中心性，并与其他作者产生了密切合作，有力地推动了学者之间的合作与交流。

4.2.7 心血管专业

图 4 - 31 展示了心血管专业 144 名核心作者（26 名科技新星）形成的合作网络，不相关的孤点（含 14 个科技新星孤点）被删除。

可以看到具有合作关系的连通子网有 10 个，平均 6 个节点构成 1 个子网，且每个子网之间相互独立，没有任何边连接。没有大型合作网络，连通性不够好。10 个子网包含了 12 名科技新星（图 4 - 31 中标白的部分），其中 2 个子网每个包含至少 2 名科技新星，分别是：子网 1：杨士伟和宋现涛（潜力型）；子网 2：杨进刚和许俊堂（潜力型）。

4.2.8 口腔专业

图 4 - 32 展示了口腔专业 169 名核心作者（23 名科技新星）形成的合作网络，不相关的孤点（含 6 个科技新星孤点）被删除。

可以看到具有合作关系的连通子网有 2 个，平均 72 个节点构成 1 个子网。其中包含 1 个以王松灵、白玉兴和侯本祥为核心的大型潜力型合作网络，该网络中的作者均直接或间接与其他作者产生关联。2 个子网包含了 17 名科技新星（图 4 - 32 中标白的部分），其中，大型子网将刘娜等（潜力型）16 名科技新星直接或间接地联系到了一起。科技新星王松灵、白玉兴、侯本祥、徐骏疾、李钧都具有很高的中心性，并与其他作者产生了密切合作，有力地推动了学者之间的合作与交流。

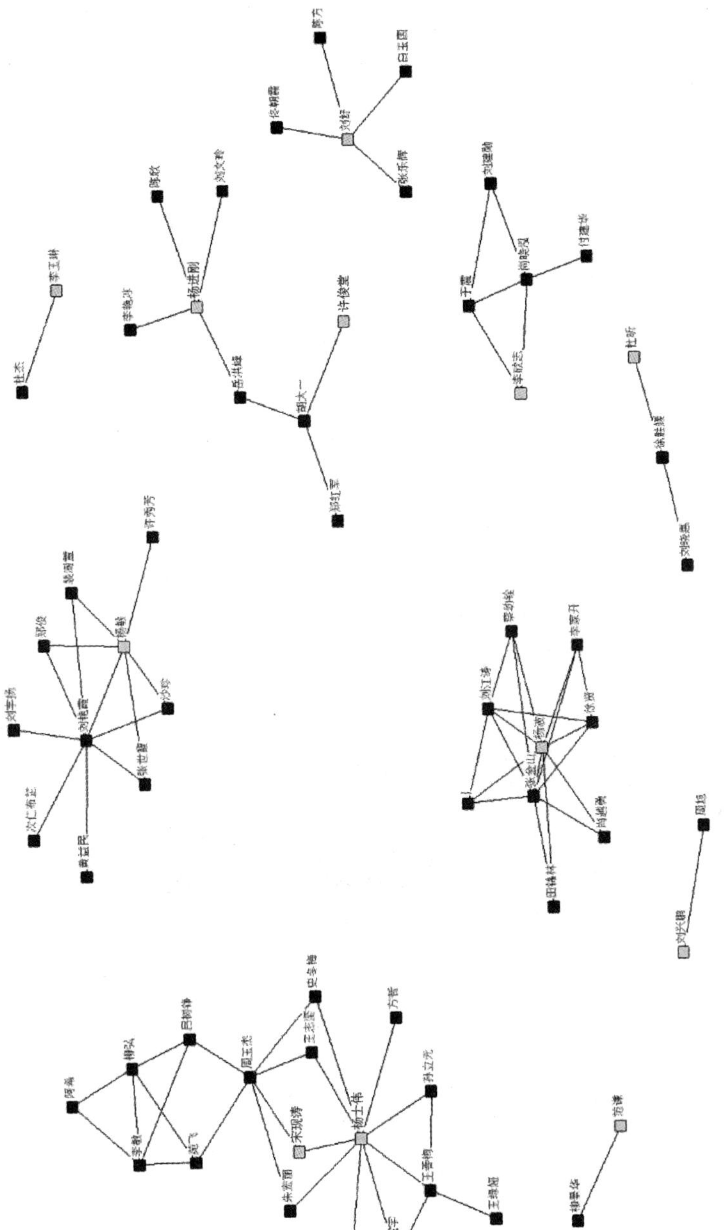

图 4-31　心血管专业核心作者合作网络图

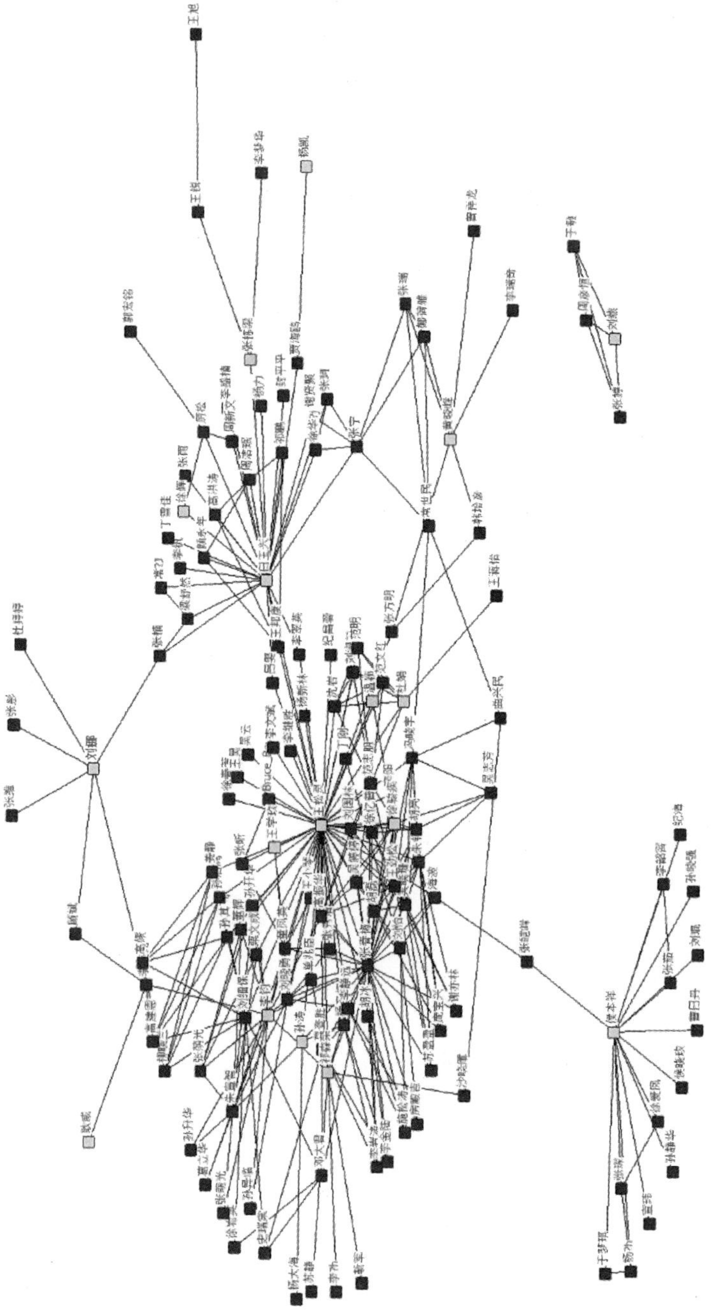

图 4-32　口腔专业核心作者合作网络图

4.2.9 化学专业

图4－33 展示了化学专业 90 名核心作者（18 名科技新星）形成的合作网络，不相关的孤点（含4 个科技新星孤点）被删除。

可以看到具有合作关系的连通子网有10 个，平均7 个节点构成1 个子网，且每个子网之间相互独立，没有任何边连接。没有大型合作网络，连通性不够好。10 个子网包含了14 名科技新星（图4－33 中标白的部分），其中3 个子网每个包含至少2 名科技新星，分别是：子网1：姜桂元、韦岳长和王雅君（完备型）；子网2：陈建峰和文利雄（潜力型）；子网3：阳庆元和仲崇立。

4.2.10 临床专业

图4－34 展示了临床专业202 名核心作者（15 名科技新星）形成的合作网络，不相关的孤点（含4 个科技新星孤点）被删除。

可以看到具有合作关系的连通子网有9 个，平均14 个节点构成1 个子网，且每个子网之间相互独立，没有任何边连接。包含一个以韩德民为主要桥梁的较大型网络，该网络中的作者均直接或间接与其他作者产生关联。9 个子网包含了11 名科技新星（图4－34 中标白的部分），其中1 个子网包含2 名科技新星：子网1——王阿东、张罗和亓贝尔。张罗具有较高的中心性。

4.2.11 植物专业

图4－35 展示了植物专业198 名核心作者（27 名科技新星）形成的合作网络，不相关的孤点（含9 个科技新星孤点）被删除。

可以看到具有合作关系的连通子网有8 个，平均18 个节点构成1 个子网。其中包含1 个以田兆丰、刘凡、李岩为主要桥梁的较大型合作网络，该网络中的作者均直接或间接与其他作者产生关联。8 个子网包含了18 名科技新星（图4－35 中标白的部分），其中4 个子网每个包含至少2 名科技新星，分别是：子网1：周莹等7 人（潜

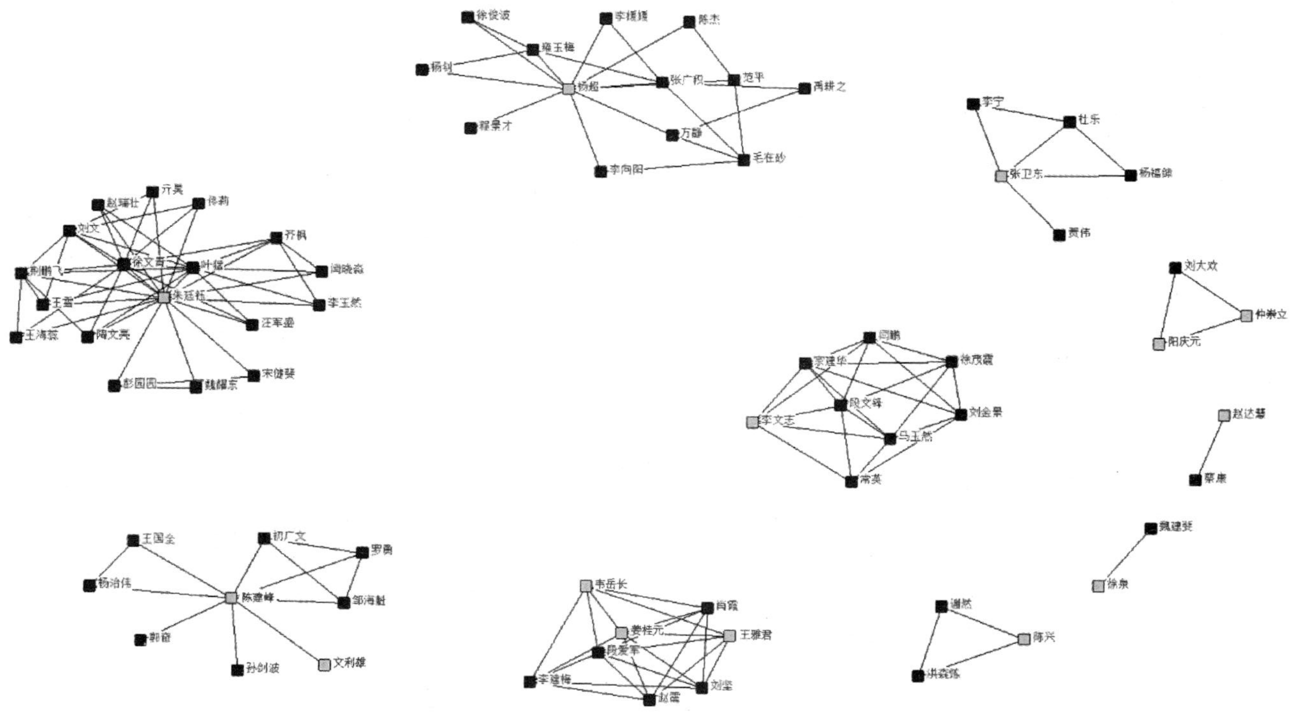

图 4－33　化学专业核心作者合作网络图

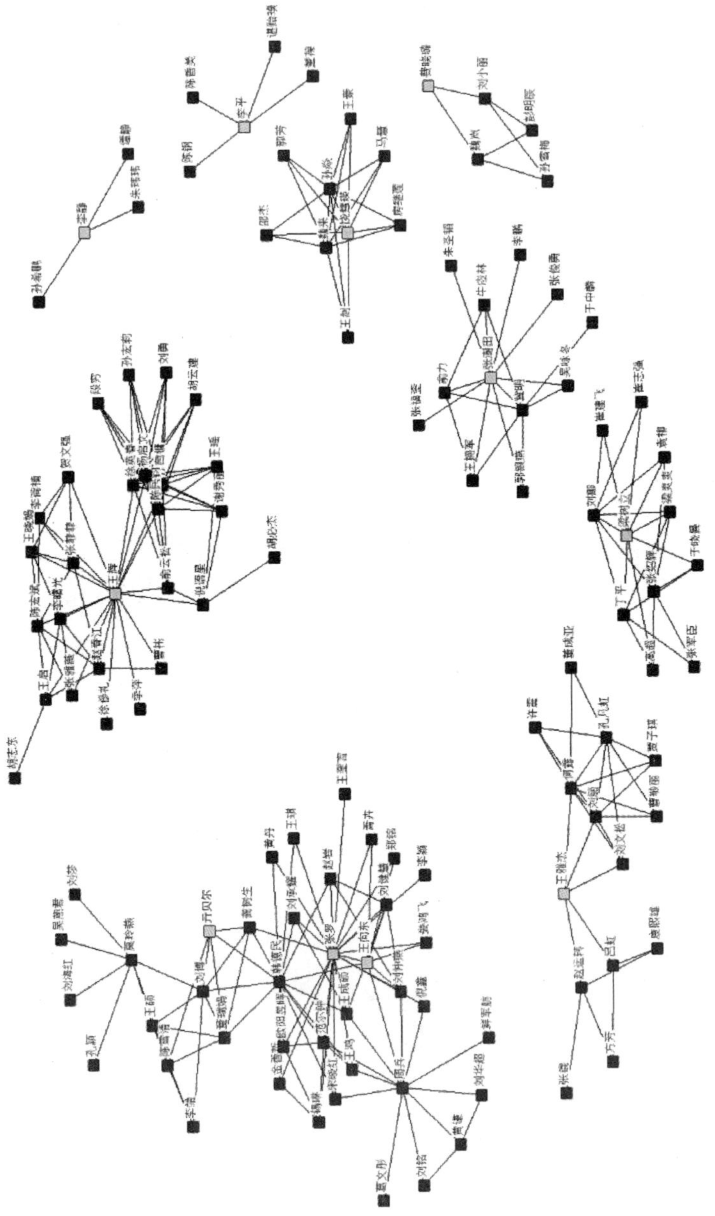

图 4－34　临床专业核心作者合作网络图

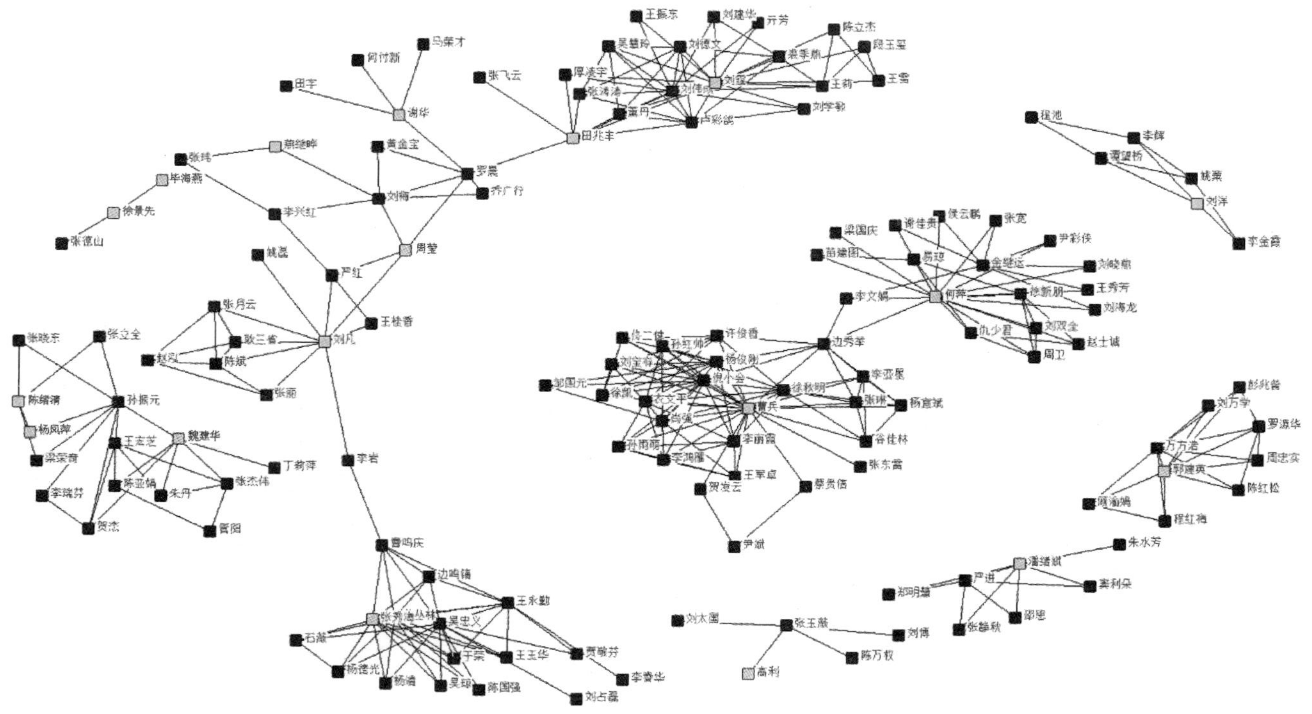

图 4－35 植物专业核心作者合作网络图

力型)；子网2：陈绪清、杨凤萍和魏建华（潜力型)；子网3：曹兵和何萍（潜力型)；子网4：徐景先和毕海燕（线型)。科技新星曹兵、刘霆具有很高的中心性，并与其他作者产生了密切合作，有力地推动了学者之间的合作与交流。

4.2.12 肿瘤专业

图4－36展示了肿瘤专业158名核心作者（14名科技新星）形成的合作网络，不相关的孤点（含6个科技新星孤点）被删除。

可以看到具有合作关系的连通子网有8个，平均13个节点构成1个子网。其中包含2个分别以王笑民和程龙为核心的较大型合作网络，该网络中的作者均直接或间接与其他作者产生关联。8个子网包含了8名科技新星（图4－36中标白的部分)，所有的子网均只包含1名科技新星，也就是说，肿瘤专业的科技新星之间没有形成直接或间接的合作关系。科技新星王笑民和程龙具有较高的中心性，并与其他作者产生了密切合作，有力地推动了学者之间的合作与交流。

4.2.13 眼科专业

图4－37展示了眼科专业48名核心作者（14名科技新星）形成的合作网络，不相关的孤点（含7个科技新星孤点）被删除。

可以看到具有合作关系的连通子网有4个，平均6个节点构成1个子网，且每个子网之间相互独立，没有任何边连接。没有大型合作网络，连通性不够好。4个子网包含了7名科技新星（图4－37中标白的部分)，其中2个子网每个包含至少2名科技新星，分别是：子网1：王亚星、马建民和任若瑾（潜力型)；子网2：张伟和接英（潜力型)。

4.2.14 医学专业

图4－38展示了医学专业116名核心作者（12名科技新星）形成的合作网络，不相关的孤点（含7个科技新星孤点）被删除。

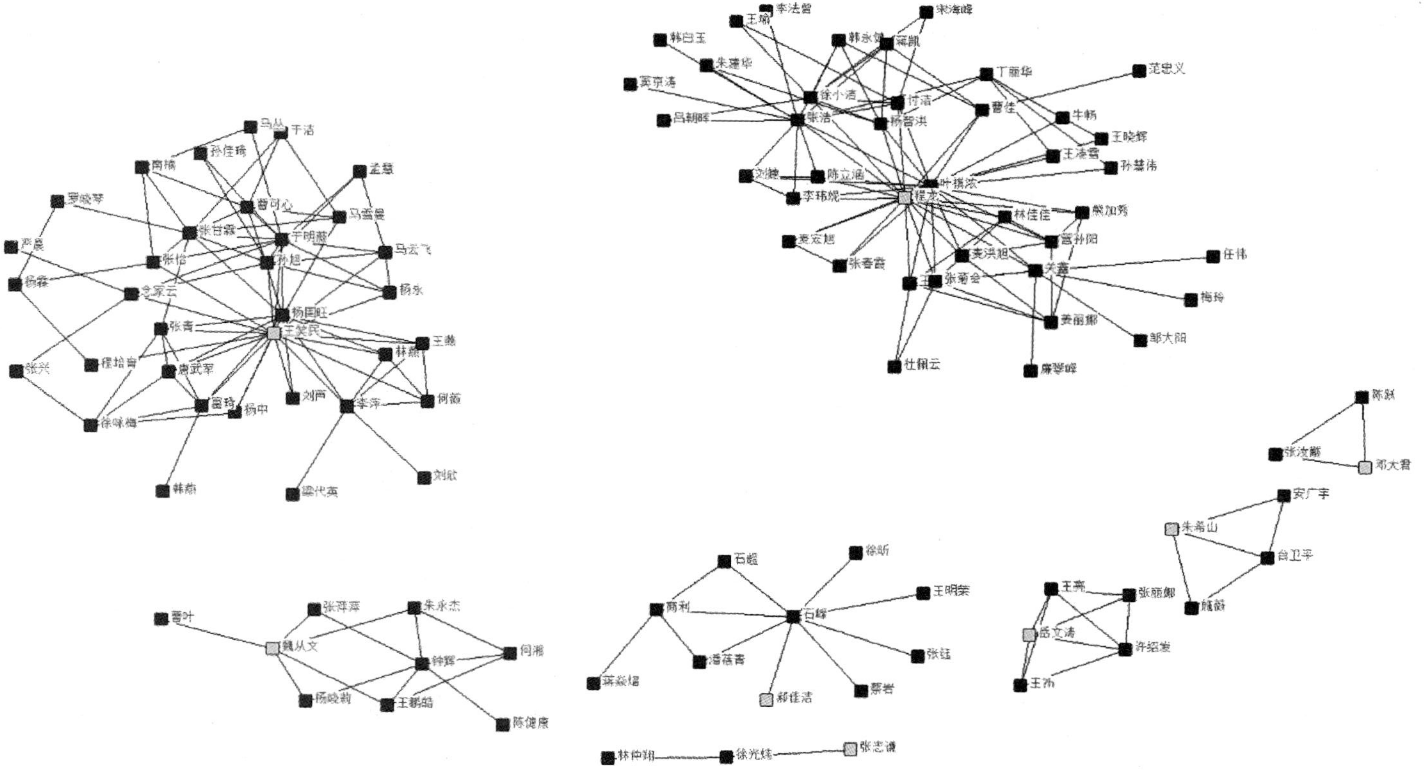

图 4－36　肿瘤专业核心作者合作网络图

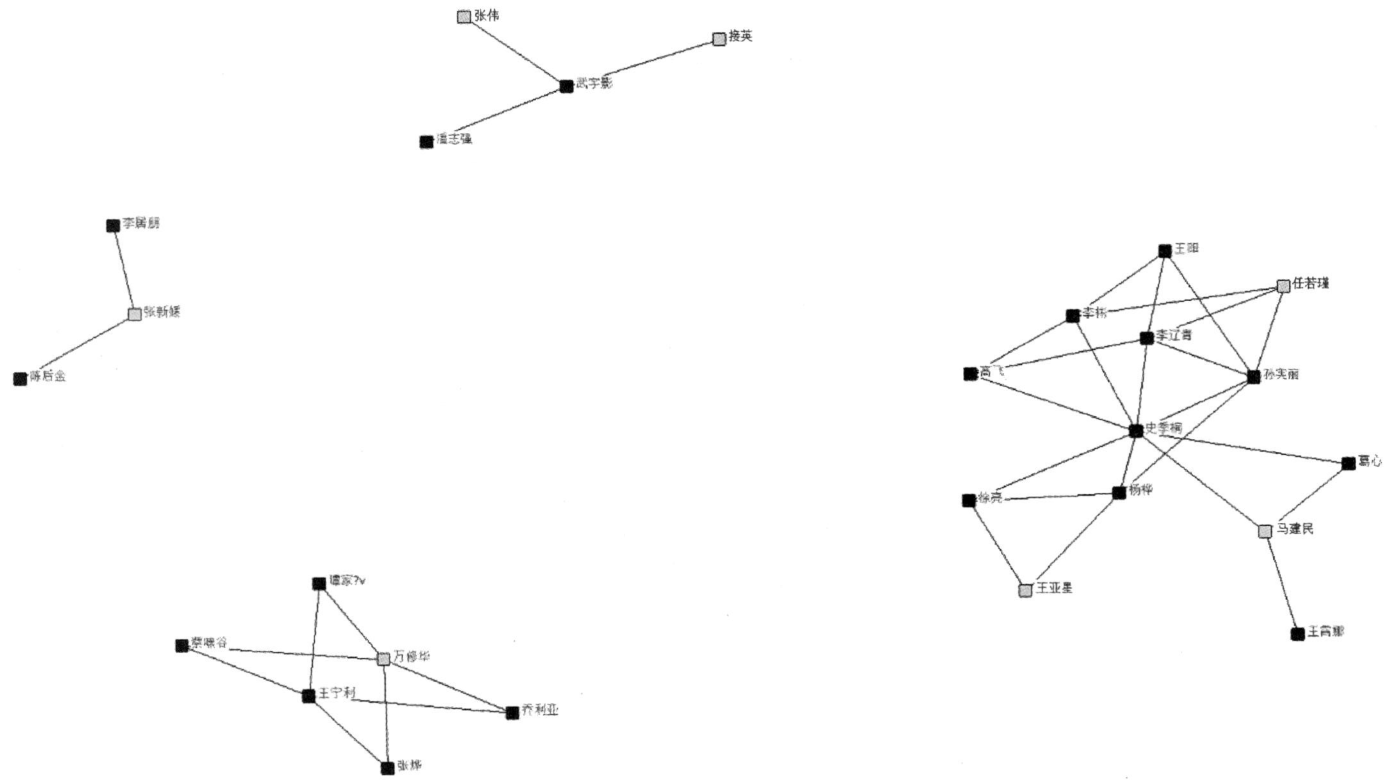

图 4－37　眼科专业核心作者合作网络图

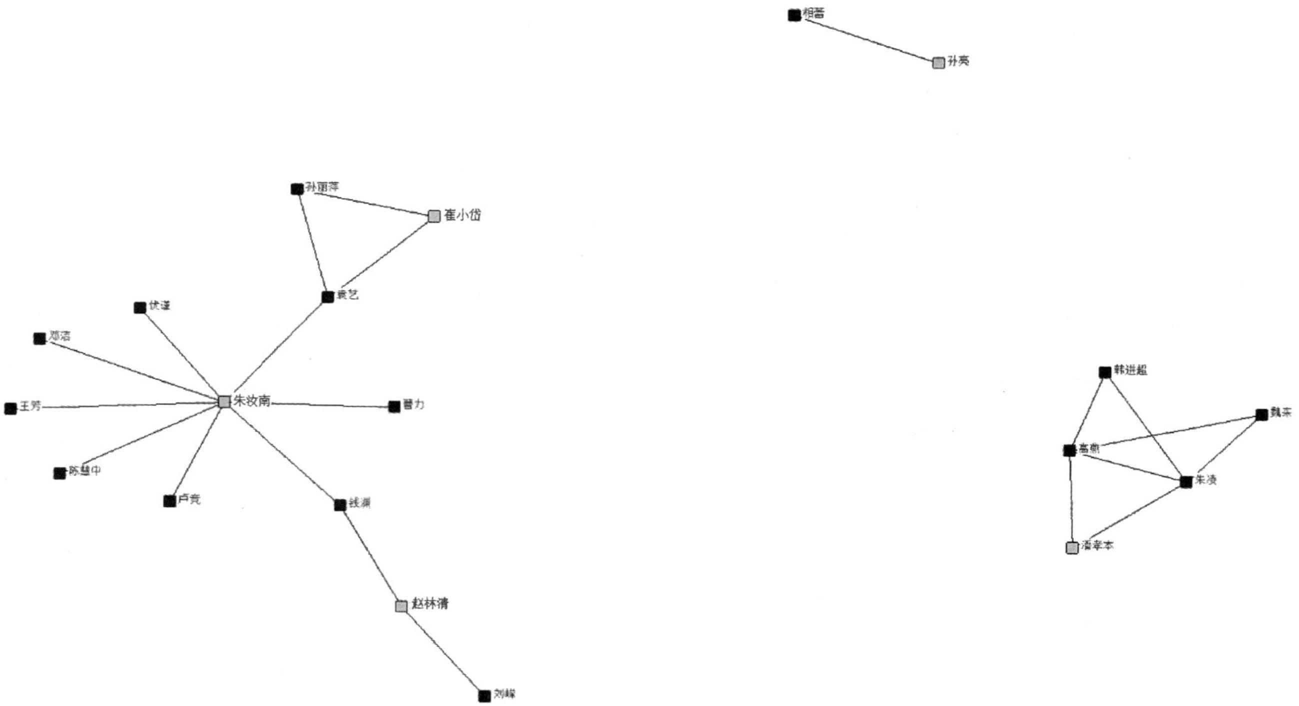

图 4－38　医学专业核心作者合作网络图

可以看到具有合作关系的连通子网有3个，平均6个节点构成1个子网，且每个子网之间相互独立，没有任何边连接。没有大型合作网络，连通性不够好。3个子网包含了5名科技新星（图4－38中标白的部分），其中1个子网包含2名科技新星：子网1：朱汝南、崔小岱、赵林清（潜力型）。

4.2.15 分子专业

图4－39展示了分子专业241名核心作者（15名科技新星）形成的合作网络，不相关的孤点（含3个科技新星孤点）被删除。

可以看到具有合作关系的连通子网有9个，平均22个节点构成1个子网。其中包含2个分别以于继云和丁丽华为核心的大型合作网络，该网络中的作者均直接或间接与其他作者产生关联。9个子网包含了12名科技新星（图4－39中标白的部分），其中2个子网每个包含至少2名科技新星，分别是：子网1：张纪岩等2人（潜力型）；子网2：朱力等3人（潜力型）。科技新星丁丽华、于继云、王恒樑和黄丛林具有较高的中心性，并与其他作者产生了密切合作，有力地推动了学者之间的合作与交流。

4.2.16 机械专业

图4－40展示了机械专业77名核心作者（15名科技新星）形成的合作网络，不相关的孤点（含9个科技新星孤点）被删除。

可以看到具有合作关系的连通子网有6个，平均8个节点构成1个子网，且每个子网之间相互独立，没有任何边连接。没有大型合作网络，结构比较松散，连通性不够好。其中，6个子网包含了6名科技新星（图4－40中标白的部分），所有子网都只包含1名科技新星，科技新星之间没有形成直接或间接的合作关系。说明该专业科技新星主要和非科技新星之间合作，而科技新星之间缺乏有效的交流渠道，应该予以关注。

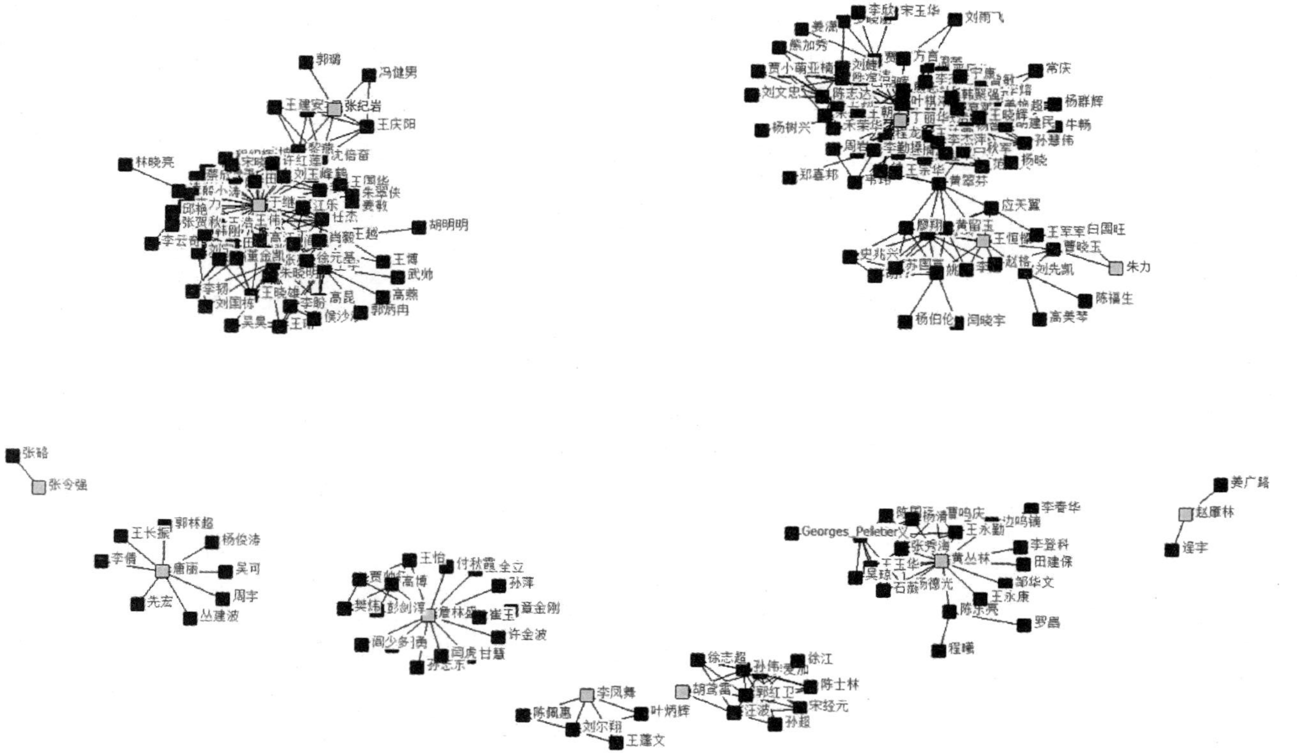

图 4－39　分子专业核心作者合作网络图

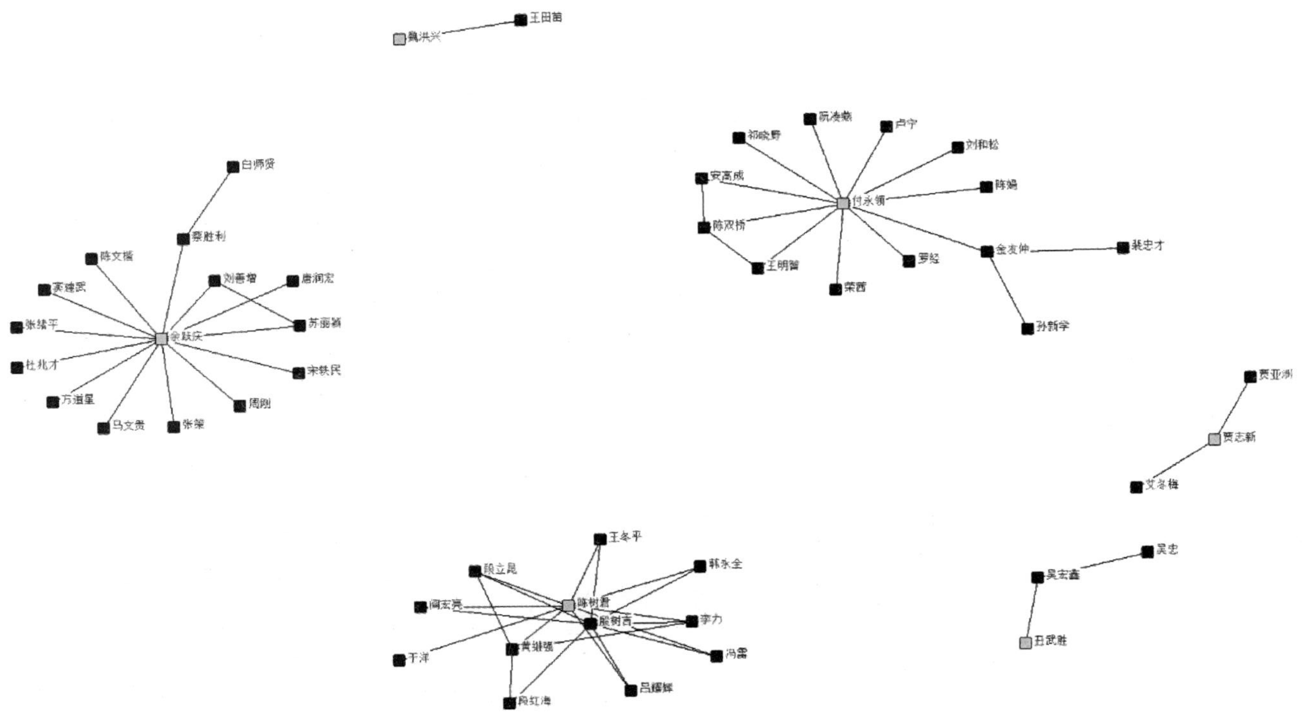

图 4－40　机械专业核心作者合作网络图

4.2.17 儿童专业

图4－41展示了儿童专业185名核心作者（21名科技新星）形成的合作网络，不相关的孤点（含4个科技新星孤点）被删除。

可以看到具有合作关系的连通子网有7个，平均17个节点构成1个子网。其中包含1个大型合作网络，该网络中的作者均直接或间接与其他作者产生关联。7个子网包含了17名科技新星（图4－41中标白的部分），其中1个子网包含2名科技新星：子网1——王亚娟、姚开虎、向莉、钱素云、殷菊、王静、申阿东、焦伟伟、申晨、孙琳、杜忠东和谢向辉（潜力型）。科技新星姚开虎、孙琳、申阿东具有很高的中心性，并与其他作者产生了密切合作，有力地推动了学者之间的合作与交流。

4.2.18 中西医专业

图4－42展示了中西医专业383名核心作者（22名科技新星）形成的合作网络，不相关的孤点（含3个科技新星孤点）被删除。

可以看到具有合作关系的连通子网只有1个，也就是说，农业专业的核心作者直接或间接地连成了一个连通的网络。这个大型的网络包含刘宏潇等19名科技新星（潜力型）。科技新星赵慧辉、赵京霞和张壮具有很高的中心性，并与其他作者产生了密切合作，有力地推动了学者之间的合作与交流。

4.2.19 细胞专业

图4－43展示了细胞专业60名核心作者（5名科技新星）形成的合作网络，不相关的孤点（含1个科技新星孤点）被删除。

可以看到具有合作关系的连通子网有5个，平均10个节点构成1个子网。其中包含1个以王雪茜为核心的较大型合作网络，该网络中的作者均直接或间接与其他作者产生关联。4个子

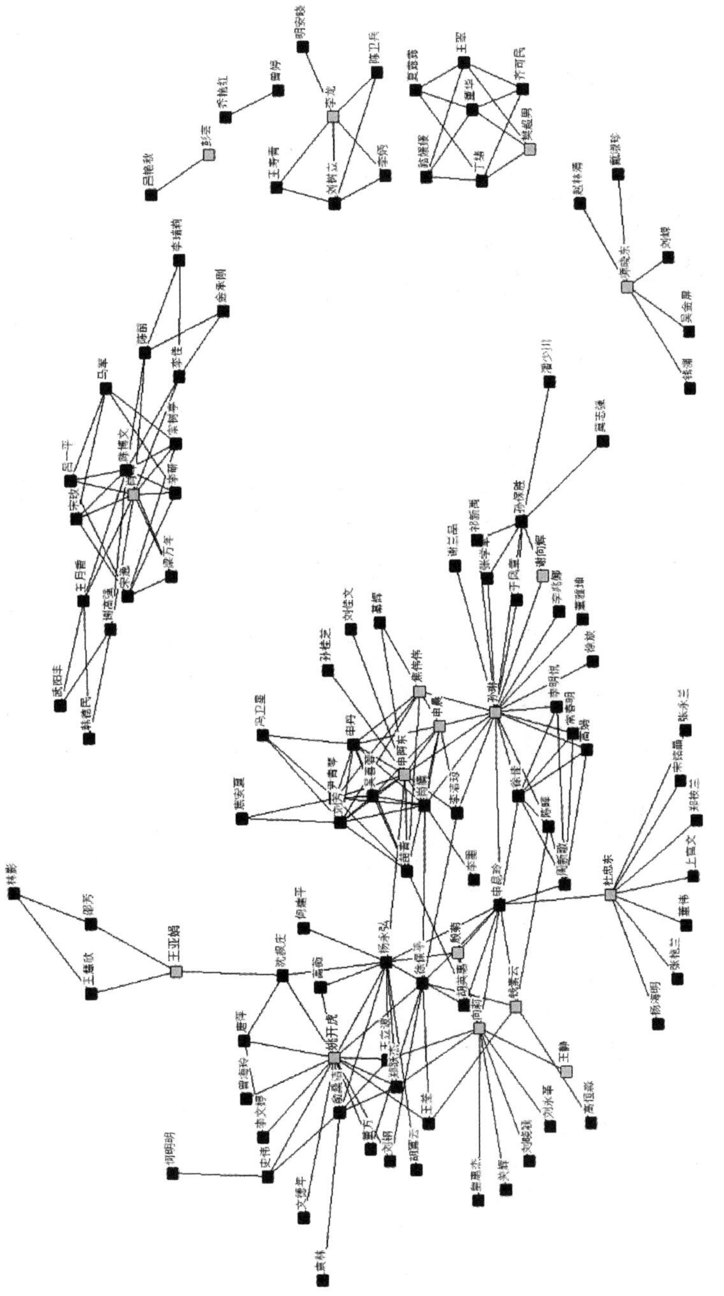

图 4-41　儿童专业核心作者合作网络图

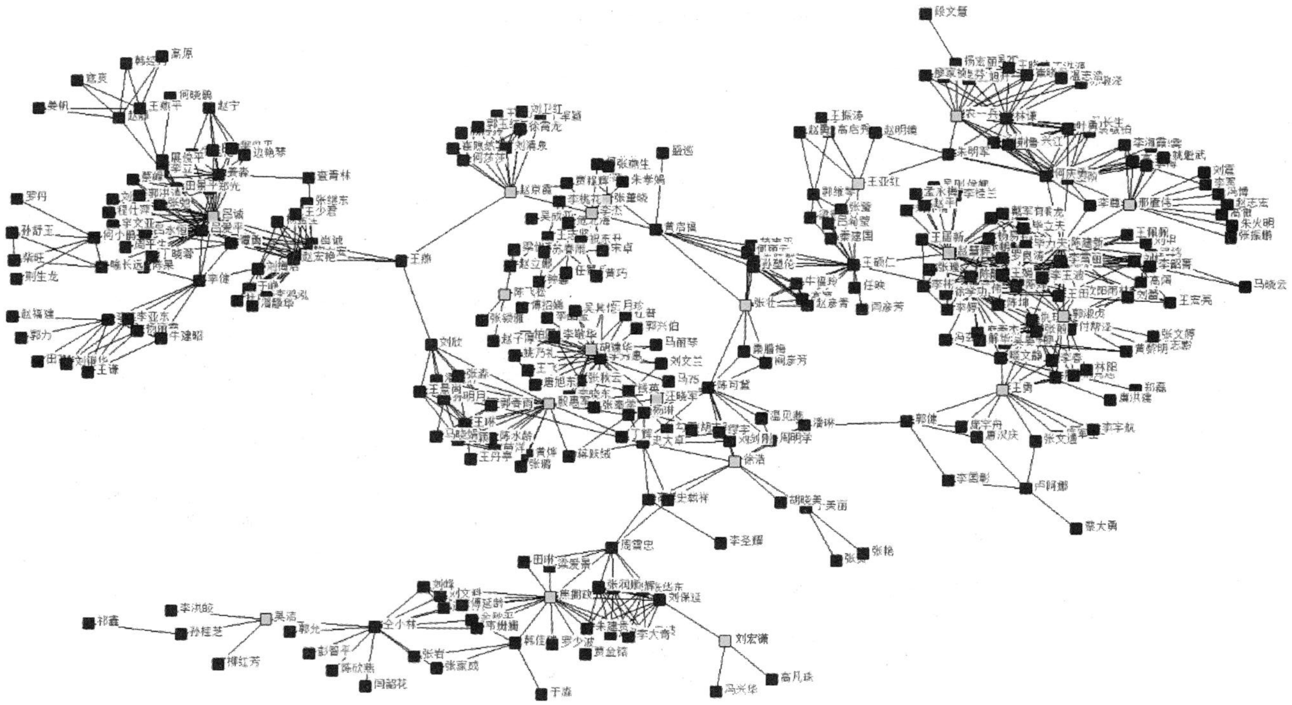

图 4-42　中西医专业核心作者合作网络图

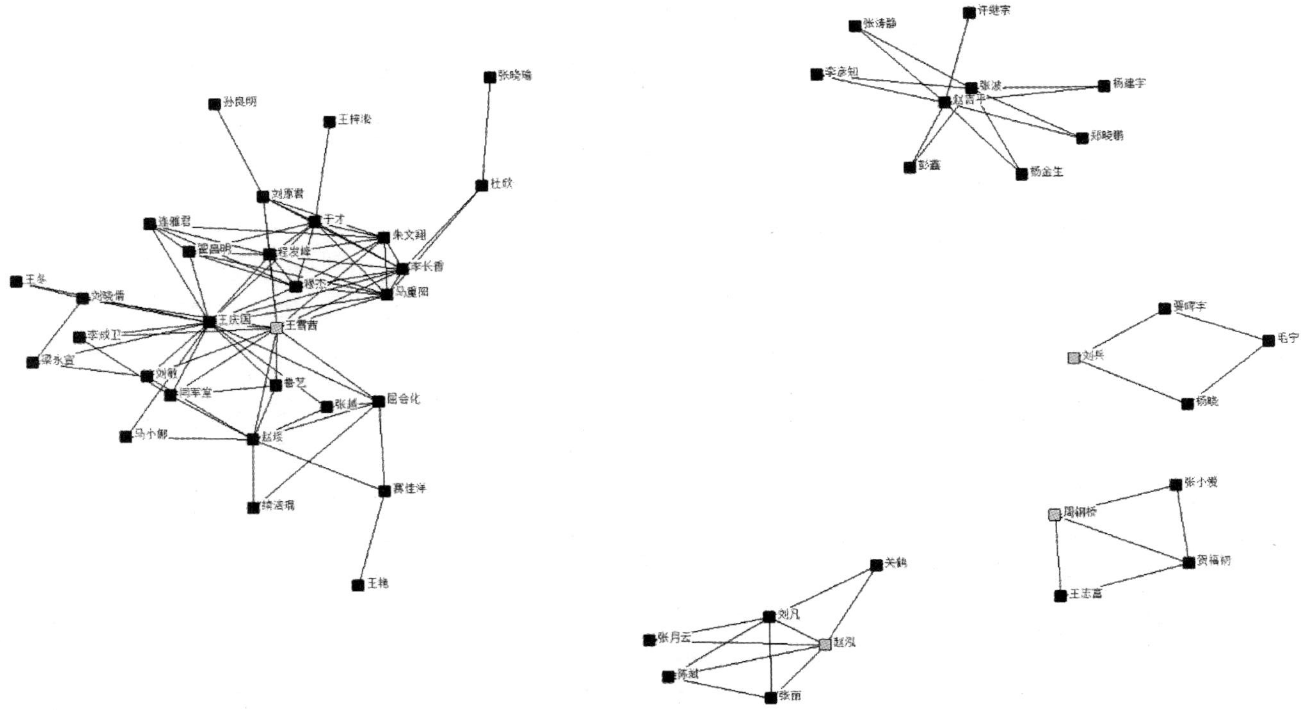

图 4-43　细胞专业核心作者合作网络图

网包含了4名科技新星（图4－43中标白的部分），所有科技新星未形成直接或间接的合作关系。科技新星王雪茜具有较高的中心性，并与其他作者产生了密切合作，有力地推动了学者之间的合作与交流。

4.2.20 果树专业

图4－44展示了果树专业156名核心作者（18名科技新星）形成的合作网络，不相关的孤点（含1个科技新星孤点）被删除。

可以看到具有合作关系的连通子网有6个，平均22个节点构成1个子网。其中包含1个以科技新星张晓明和非科技新星王尚德为主要桥梁的大型合作网络，该网络中的作者均直接或间接与其他作者产生关联。6个子网包含了17名科技新星（图4－44中标白的部分）。有2个子网每个包含至少2名科技新星，分别是：子网1：王玉柱等11人（潜力型）；子网2：徐海英和闫爱玲（潜力型）。科技新星张开春具有很高的中心性，与多名作者产生了密切合作，并起到了连接3个团体的重要桥梁作用，有力地推动了学者之间的合作与交流。

4.2.21 通信专业

图4－45展示了通信专业52名核心作者（9名科技新星）形成的合作网络，不相关的孤点（含2个科技新星孤点）被删除。

可以看到具有合作关系的连通子网有5个，平均9个节点构成1个子网。其中包含1个以吴斌为核心的较大型合作网络，该网络中的作者均直接或间接与其他作者产生关联。5个子网包含了7名科技新星（图4－45中标白的部分）。有2个子网每个包含至少2名科技新星，分别是：子网1：吴斌和彭木根（潜力型）；子网2：邱雪松和亓峰（潜力型）。科技新星吴斌具有较高的中心性，并与其他作者产生了密切合作，有力地推动了学者之间的合作与交流。

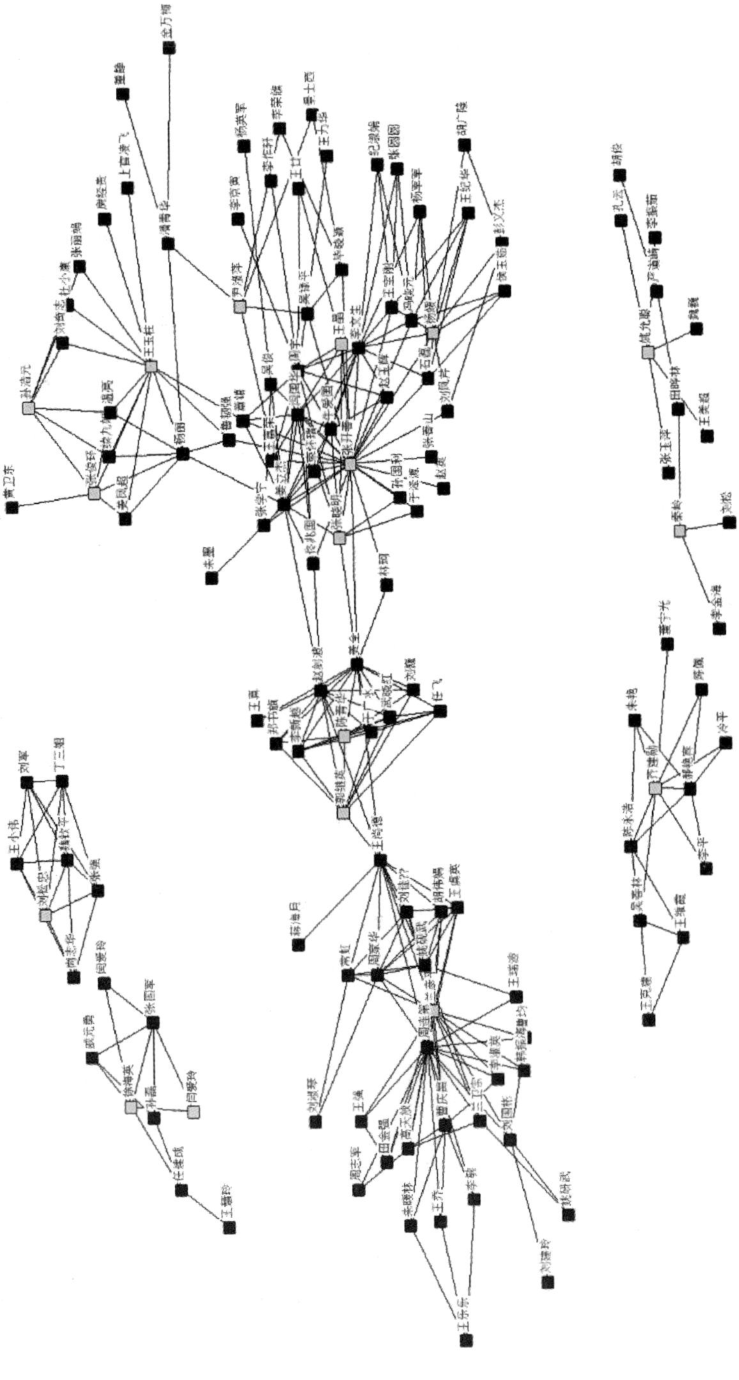

图 4-44　果树专业核心作者合作网络图

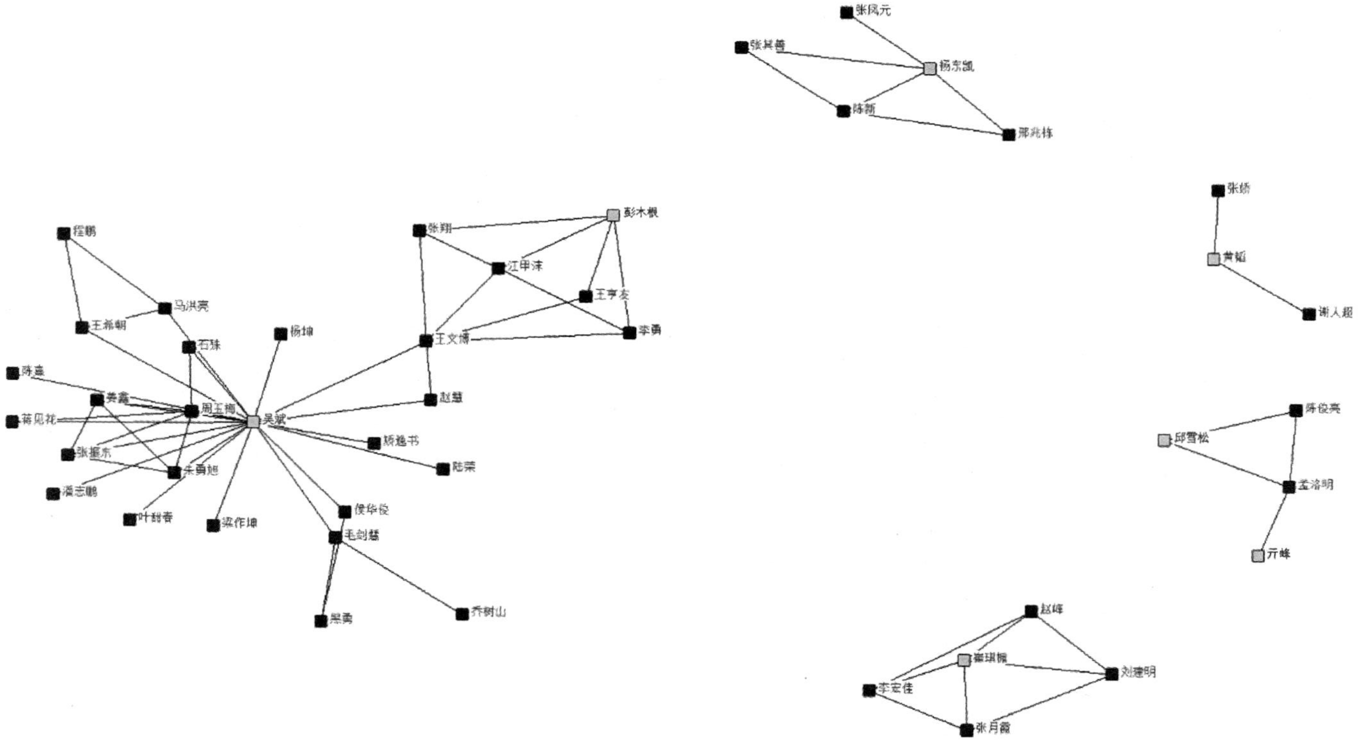

图 4－45　通信专业核心作者合作网络图

4.2.22 药物专业

图 4－46 展示了药物专业 99 名核心作者（7 名科技新星）形成的合作网络，不相关的孤点（含 1 个科技新星孤点）被删除。

可以看到具有合作关系的连通子网有 6 个，平均 12 个节点构成 1 个子网。其中包含 2 个分别以赵海誉和靳洪涛为核心的较大型合作网络，该网络中的作者均直接或间接与其他作者产生关联。6 个子网包含了 6 名科技新星（图 4－46 中标白的部分），所有子网都只包含 1 名科技新星，也就是所有的科技新星未形成直接或间接的合作。科技新星赵海誉和靳洪涛具有较高的中心性，并与其他作者产生了密切合作，有力地推动了学者之间的合作与交流。

4.2.23 光学专业

图 4－47 展示了光学专业 41 名核心作者（7 名科技新星）形成的合作网络，不相关的孤点（含 4 个科技新星孤点）被删除。

可以看到具有合作关系的连通子网有 2 个，平均 14 个节点构成 1 个子网。其中包含 1 个以张晶和石朝辉为核心的较大型合作网络，该网络中的作者均直接或间接与其他作者产生关联。2 个子网包含了 3 名科技新星（图 4－47 中标白的部分），其中 1 个子网包含 2 名科技新星：子网 1：张晶和石朝辉（潜力型）。

4.2.24 动物专业

图 4－48 展示了动物专业 88 名核心作者（11 名科技新星）形成的合作网络，不相关的孤点（含 6 个科技新星孤点）被删除。

可以看到具有合作关系的连通子网只有 1 个，也就是说，动物专业的核心作者直接或间接的连成了 1 个连通的网络。这个较大型的网络包含 5 名科技新星（图 4－48 中标白的部分）：赵峰、张莉、冯涛、田见晖和王彦平（潜力型）。科技新星张莉、冯涛和王彦平具有较高的中心性，并与其他作者产生了密切合作，有力地推动了学者之间的合作与交流。

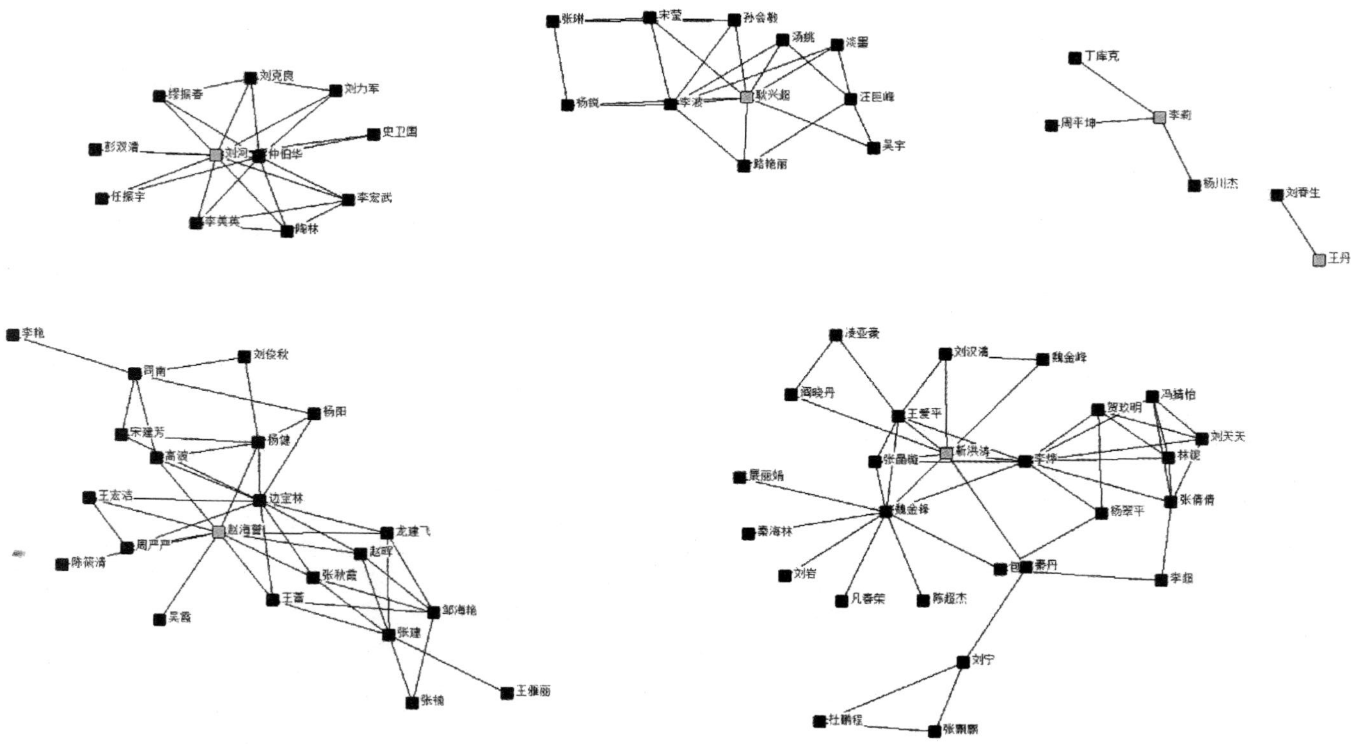

图 4－46　药物专业核心作者合作网络图

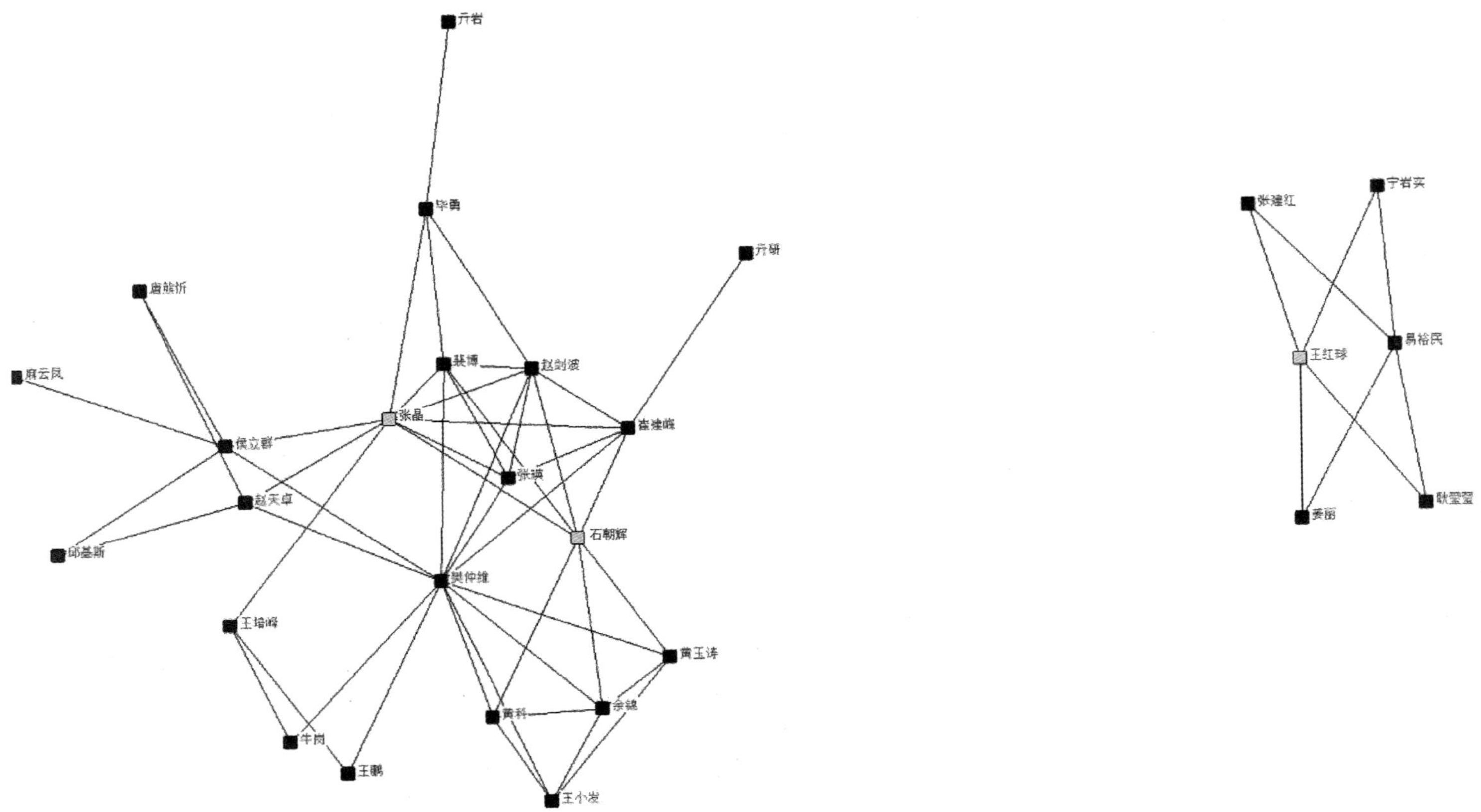

图 4－47　光学专业核心作者合作网络图

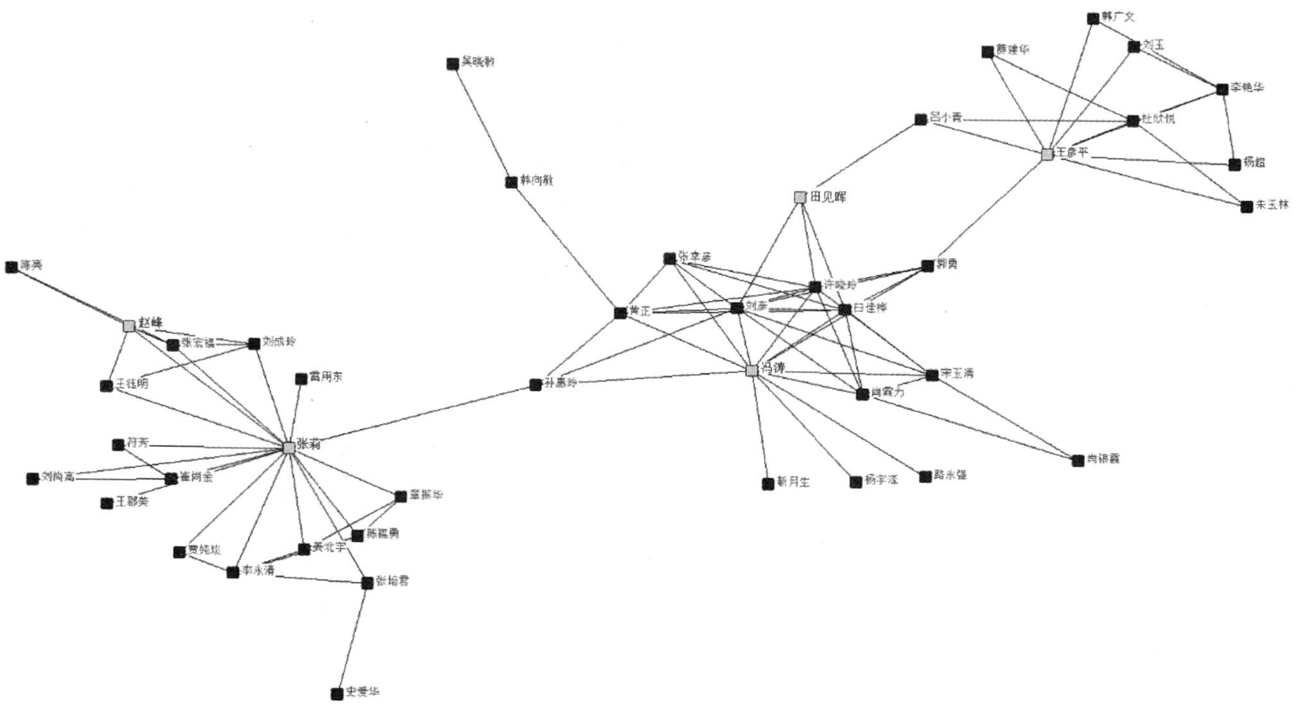

图 4－48　动物专业核心作者合作网络图

4.3 科研机构合作网络可视化分析

作者所在科研机构是指作者发表论文时的署名机构，一般可视为作者供职的正式社会机构。科研机构合作网络是指“为研究某一学术领域的发展变化，某一思想在此领域内产生、传播，大学以及科研院所构造的一个通过文献互相联系和影响的网络”。在此类网络中，科研机构作为网络节点，机构之间的合作联系为连线，两个科研机构存在合著 1 篇研究论文即被视为具有 1 次合作行为。

4.3.1 材料学专业

图 4 –49 展示了材料学专业作者所在 67 个科研机构之间的合作网络。可以看到具有合作关系的连通子网有 6 个，包含一个较大型潜力型合作网络，3 个小型潜力型网络，2 个双核型网络。

4.3.2 生物专业

图 4 –50 展示了生物专业作者所在 76 个科研机构之间的合作网络。可以看到具有合作关系的连通子网有 8 个，都是一些较小型的合作网络，其中 4 个潜力型网络、4 个线型网络。

4.3.3 神经专业

图 4 –51 展示了神经专业作者所在 76 个科研机构之间的合作网络。可以看到神经专业的科研机构除了孤点之外的科研机构直接或间接地连成了一个大型的连通网络。

4.3.4 环境专业

图 4 –52 展示了环境专业作者所在 90 个科研机构之间的合作网络，可以看到形成了 5 个连通网络，其中包含 1 个大型的潜力型网络、1 个小型潜力型网络和 3 个双核型网络。

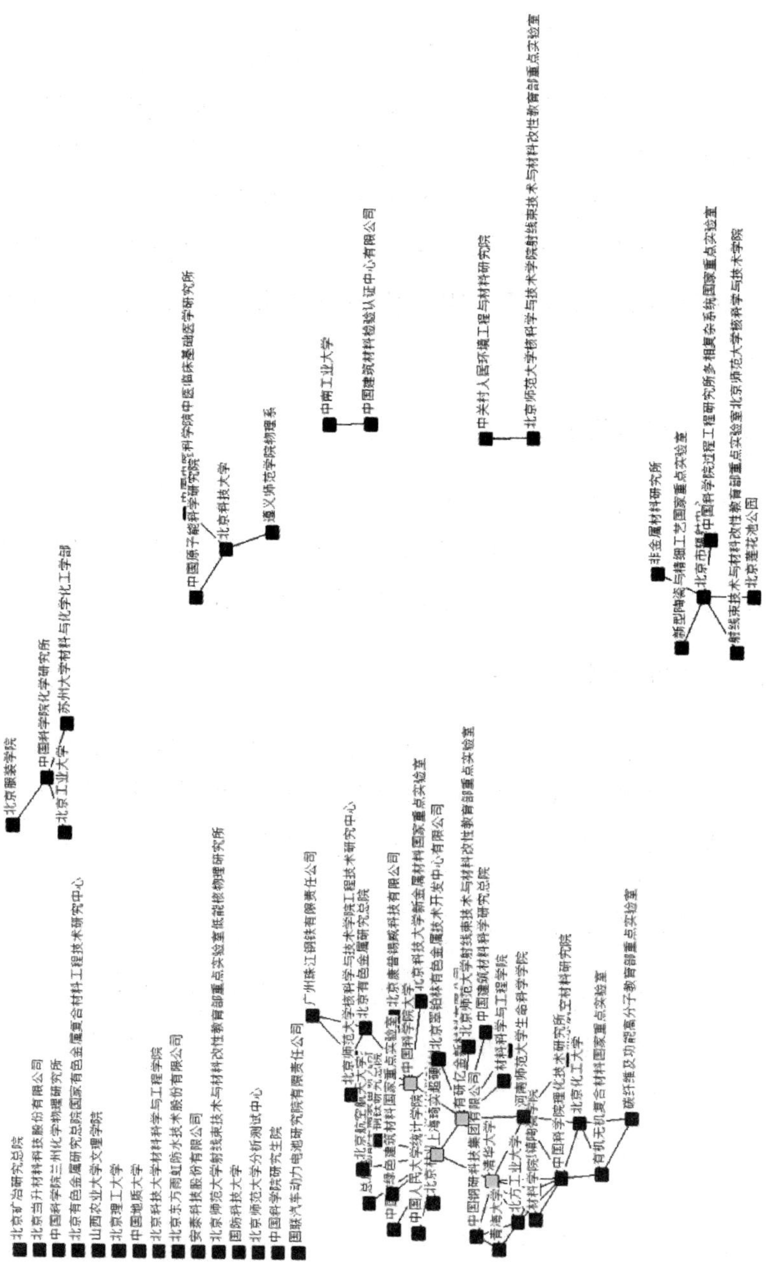

图 4－49　材料学专业科研机构合作网络图

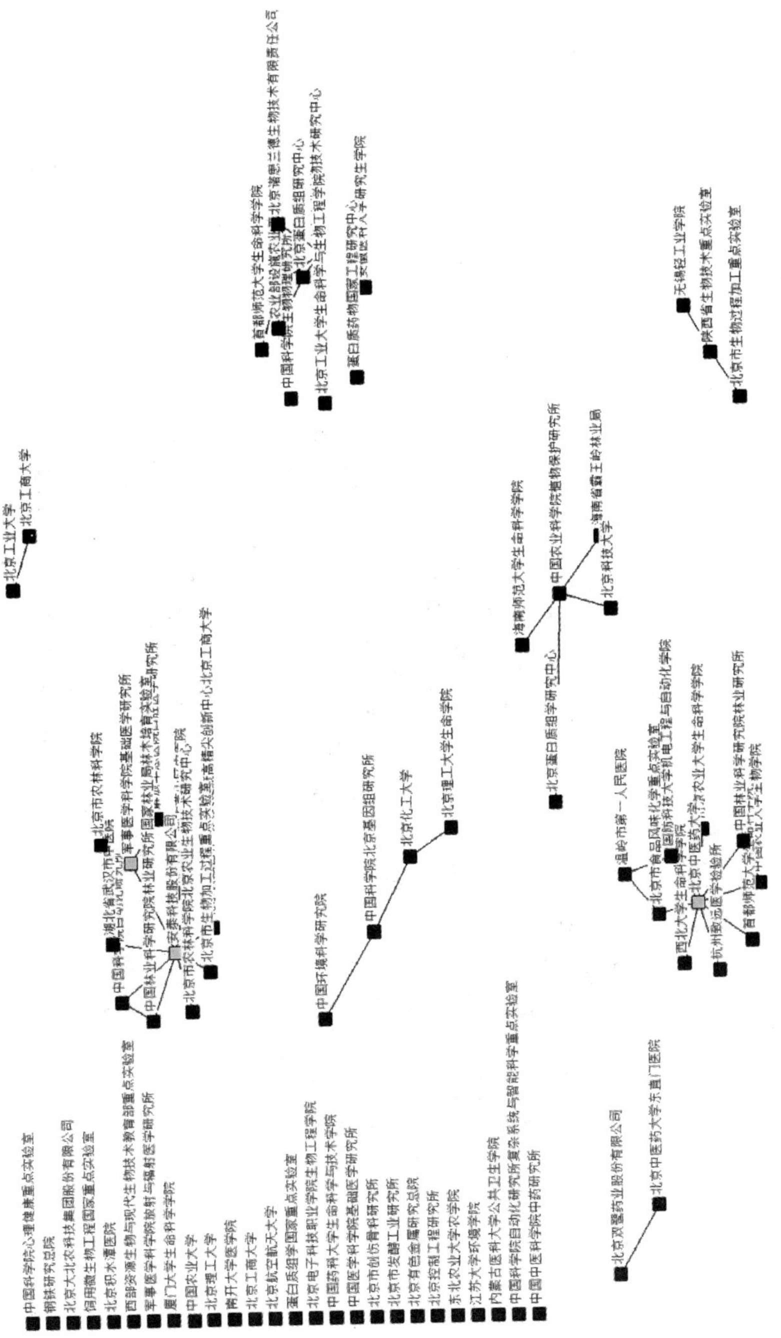

图 4-50 生物专业科研机构合作网络图

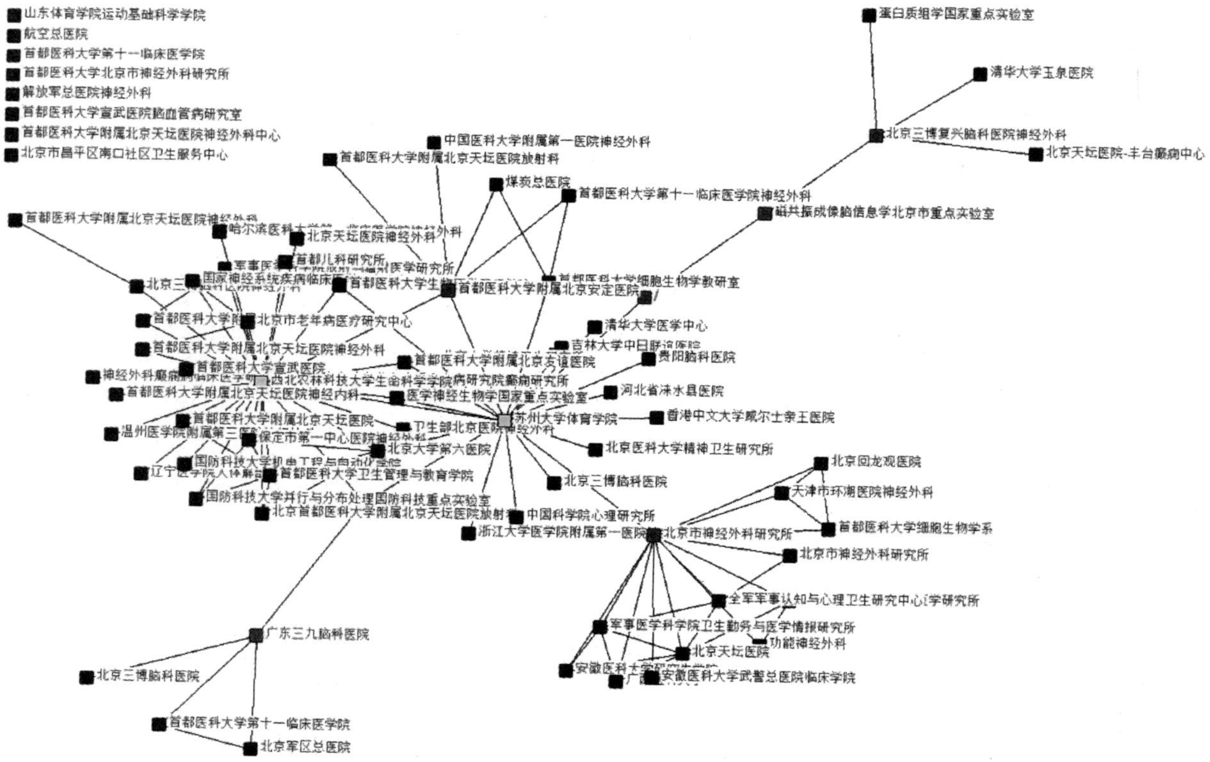

图 4－51　神经专业科研机构合作网络图

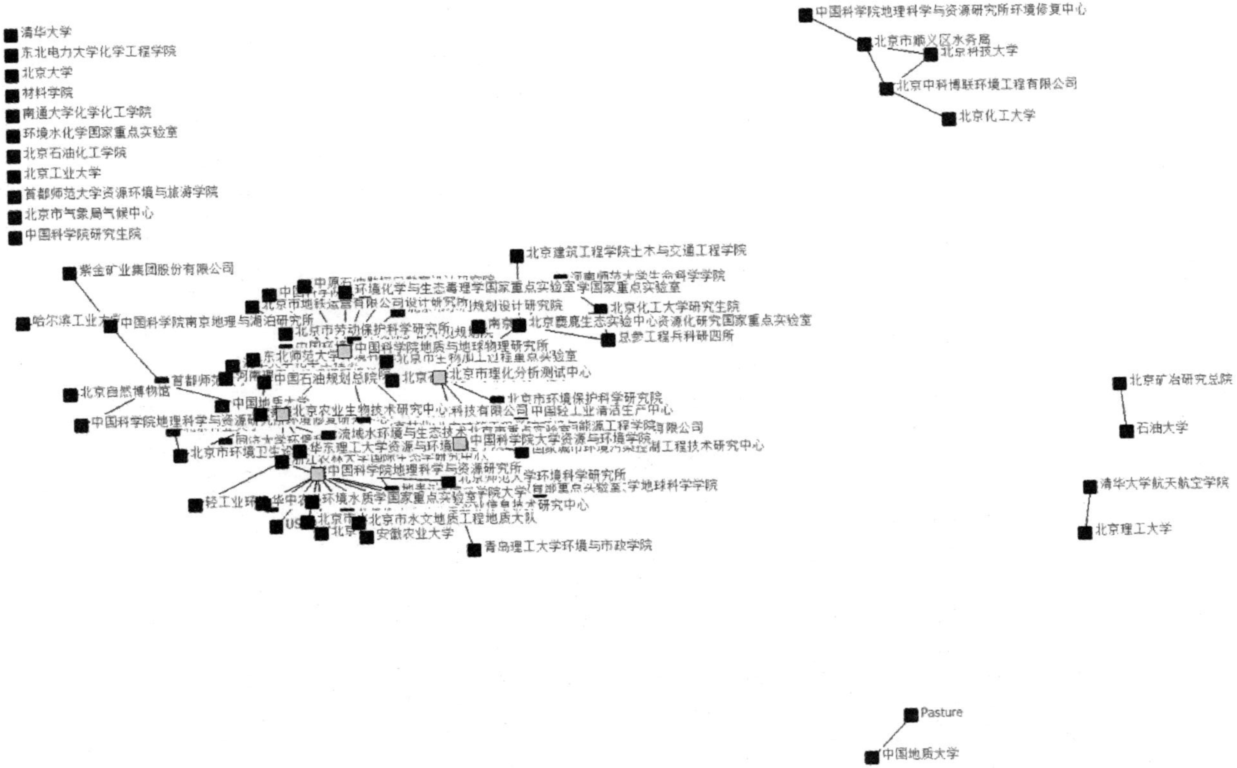

图 4－52　环境专业科研机构合作网络图

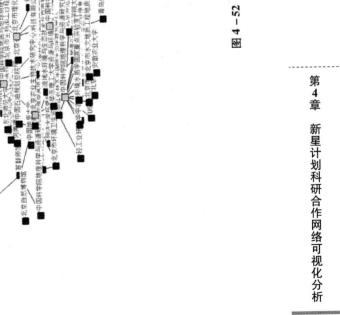

4.3.5 计算机专业

图4－53展示了计算机专业作者所在45个科研机构之间的合作网络。可以看到形成了4个连通网络，其中包含1个较大型的潜力型网络和3个线型网络。

4.3.6 农业专业

图4－54展示了农业专业作者所在131个科研机构之间的合作网络。可以看到形成了5个连通网络，其中包含1个大型的潜力型网络、1个小型潜力型网络和3个线型网络。

4.3.7 心血管专业

图4－55展示了心血管专业作者所在27个科研机构之间的合作网络，可以看到形成了2个连通网络，其中包含1个较大型的潜力型网络和1个小型的潜力型网络。

4.3.8 口腔专业

图4－56展示了口腔专业作者所在49个科研机构之间的合作网络，可以看到形成了4个连通网络，其中包含1个较大型的潜力型网络，1个小型的潜力型网络和2个双核型网络。

4.3.9 化学专业

图4－57展示了化学专业作者所在25个科研机构之间的合作网络。可以看到化学专业科研机构除了孤点以外，其他科研科技形成了1个连通网络，该网络里所有科研机构都直接或间接的有合作。

4.3.10 临床专业

图4－58展示了临床专业作者所在73个科研机构间的合作网络，可以看到形成了2个连通网络，其中包含1个大型的潜力型网络和1个小型的潜力型网络。

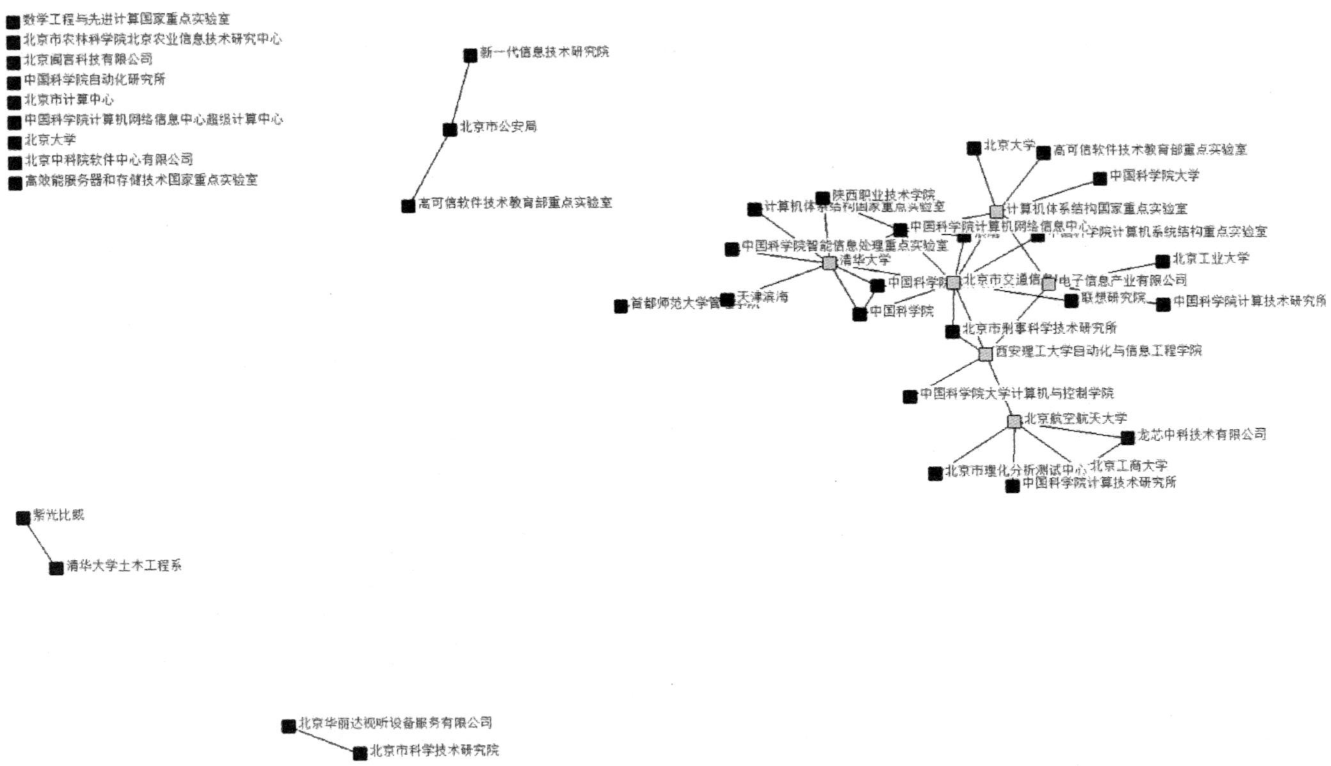

图 4－53　计算机专业科研机构合作网络图

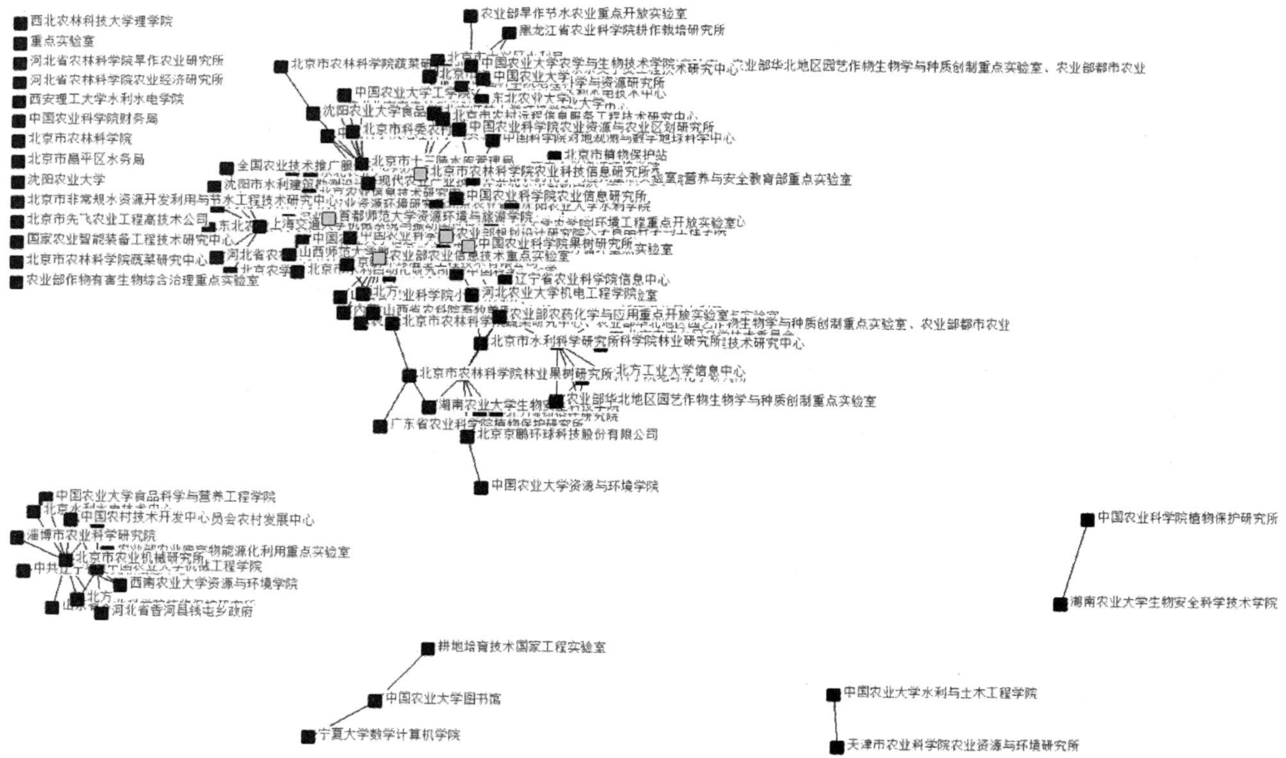

图 4－54　农业专业科研机构合作网络图

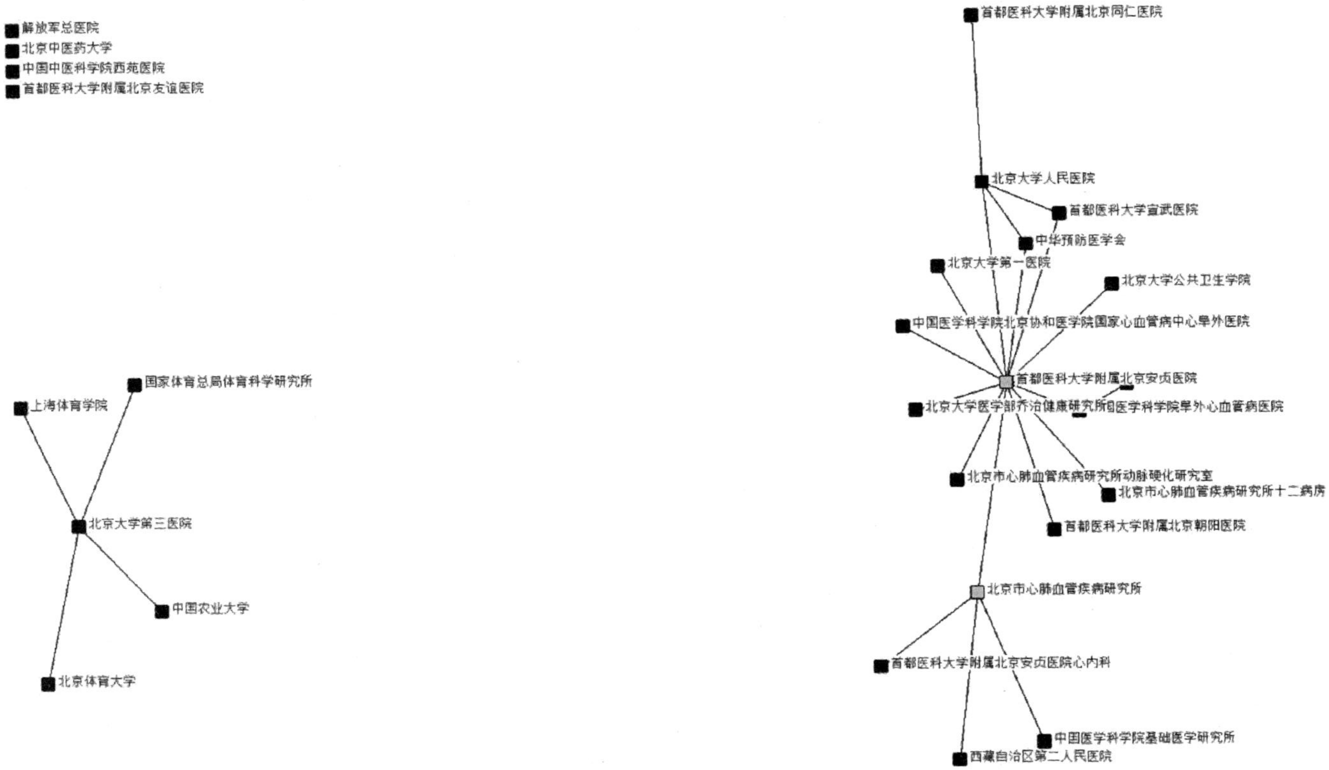

图 4－55　心血管专业科研机构合作网络图

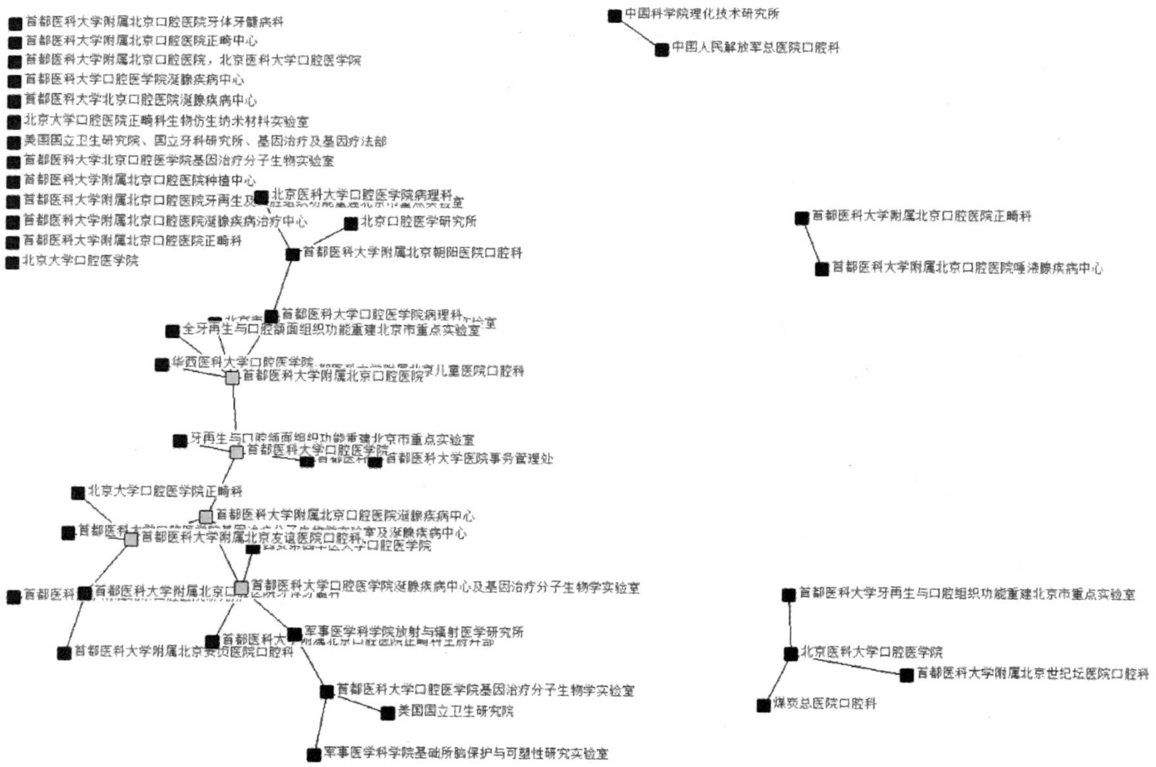

图 4－56　口腔专业科研机构合作网络图

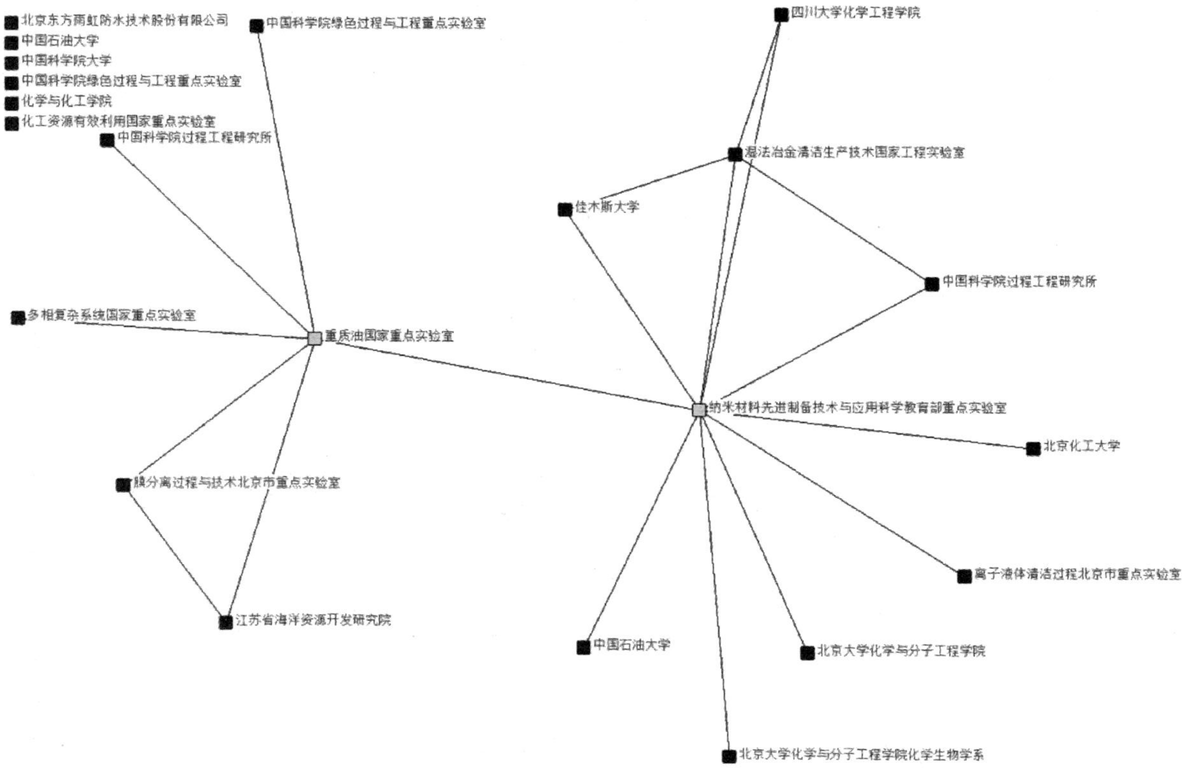

图 4－57　化学专业科研机构合作网络图

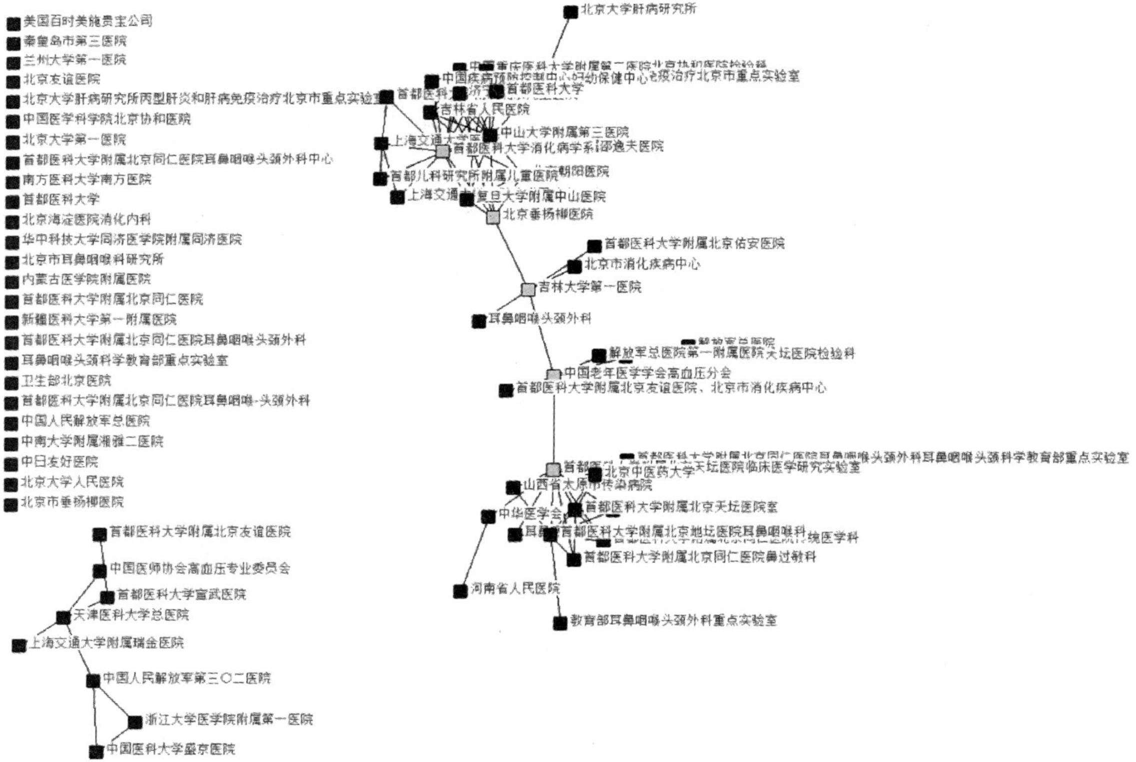

图 4－58　临床专业科研机构合作网络图

4.3.11 植物专业

图4－59展示了植物专业作者所在62个科研机构之间的合作网络，可以看到形成了4个连通网络，其中包含2个较大型的潜力型网络、2个小型的潜力型网络。

4.3.12 肿瘤专业

图4－60展示了肿瘤专业作者所在33个科研机构之间的合作网络。可以看到形成了4个连通网络，其中包含3个小型的潜力型网络和1个线型网络。

4.3.13 眼科专业

图4－61展示了眼科专业作者所在10个科研机构之间的合作网络，可以看到口腔专业科研机构除了孤点以外，其他科研机构形成了一个连通的网络，机构之间直接或间接的有合作。

4.3.14 医学专业

图4－62展示了医学专业作者所在21个科研机构之间的合作网络，可以看到形成了2个连通网络，其中包含1个小型的完备型网络和1个双核网络。

4.3.15 分子专业

图4－63展示了分子专业作者所在59个科研机构之间的合作网络，可以看到形成了5个连通网络，其中包含1个较大型的潜力型网络、1个小型的潜力型网络和3个双核型网络。

4.3.16 机械专业

图4－64展示了机械专业作者所在19个科研机构之间的合作网络，可以看到形成了2个连通网络，其中包含1个小型的潜力型连通网络和1个双核型网络。

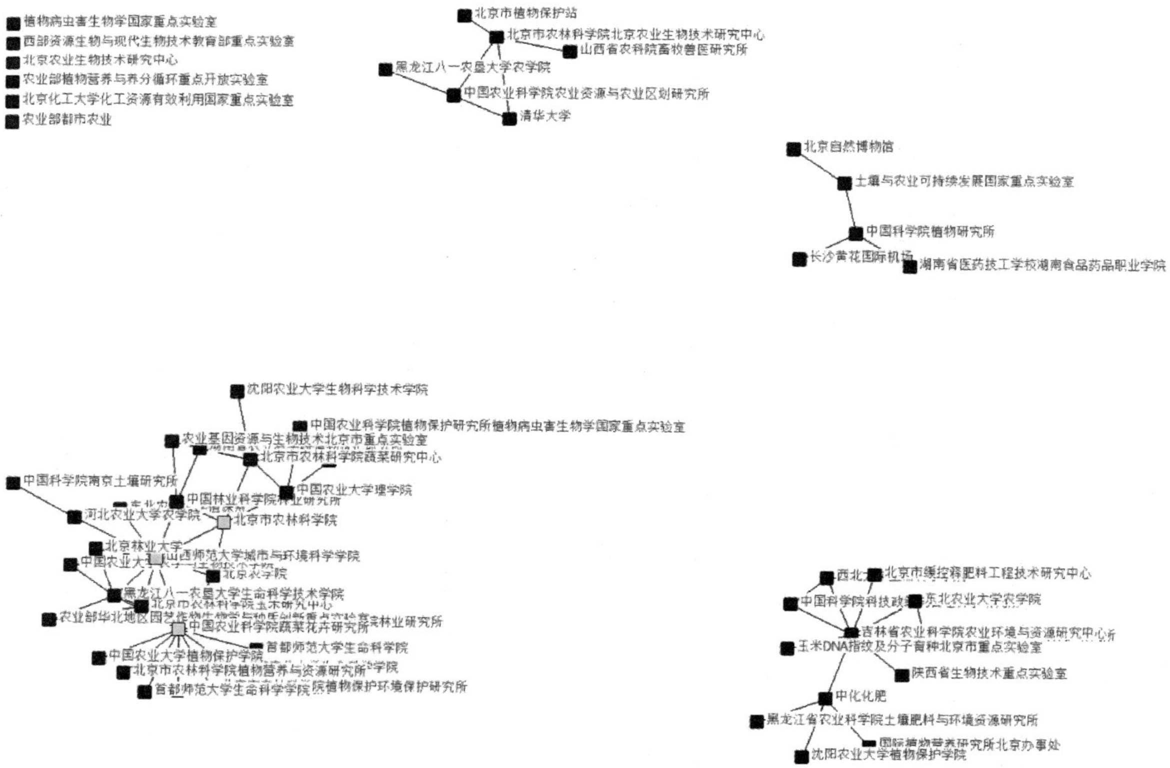

图 4-59 植物专业科研机构合作网络图

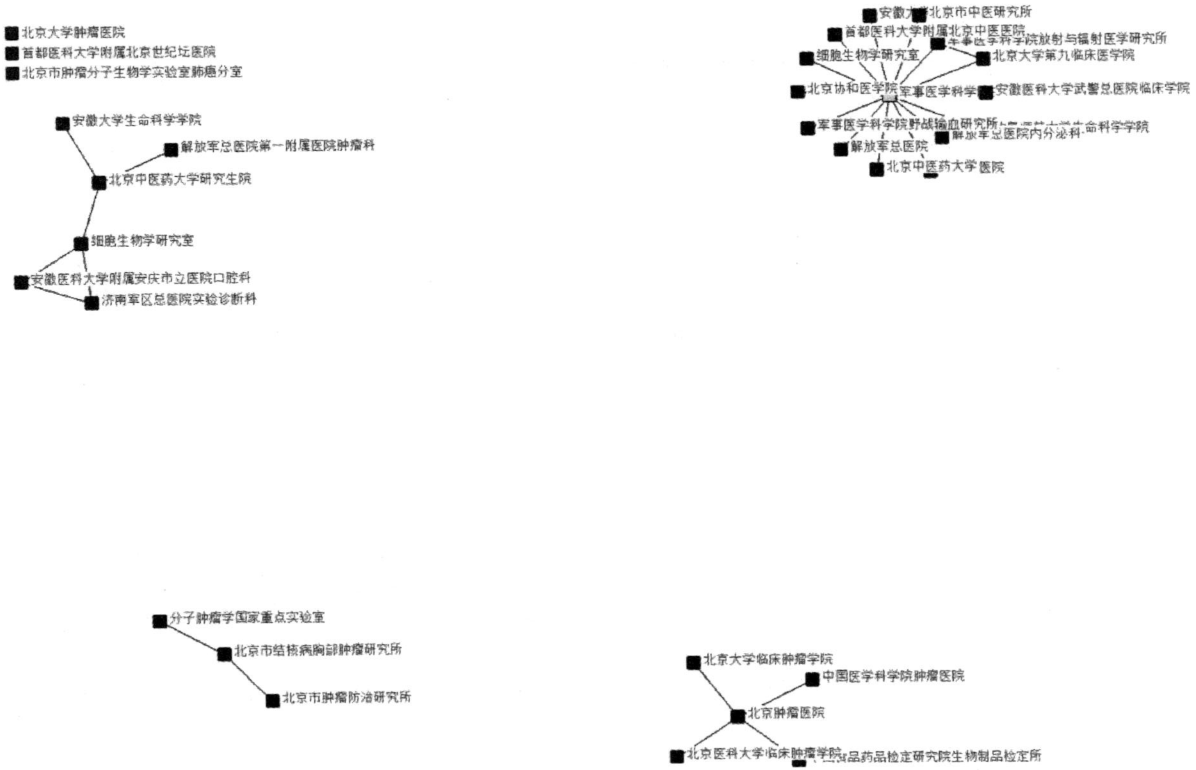

图 4－60 肿瘤专业科研机构合作网络图

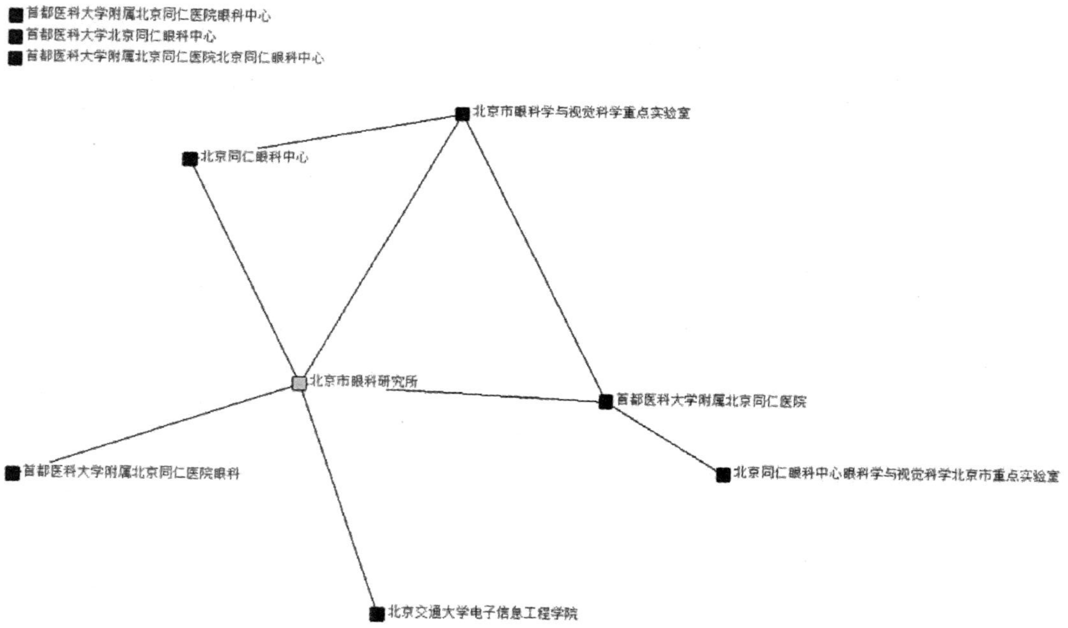

图 4－61　眼科专业科研机构合作网络图

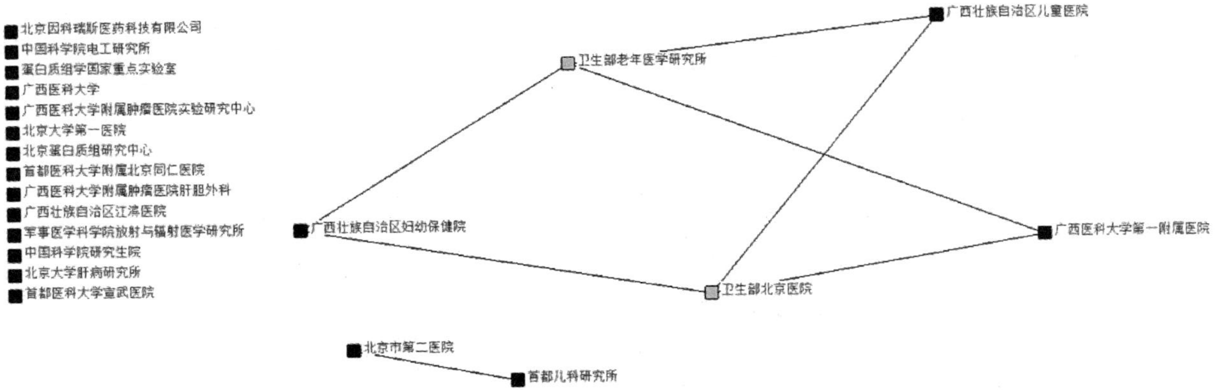

图 4-62　医学专业科研机构合作网络图

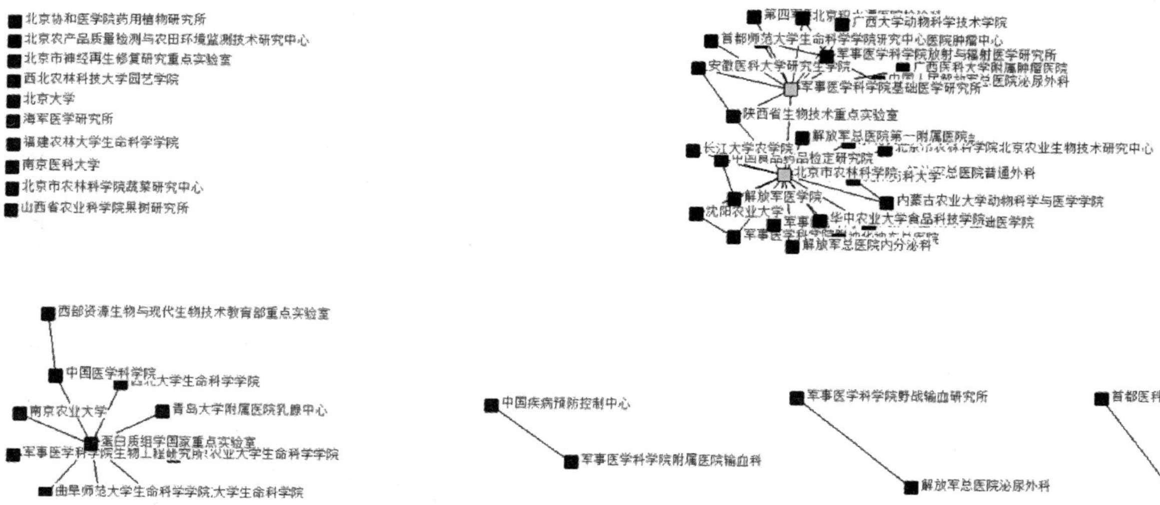

图 4-63 分子专业科研机构合作网络图

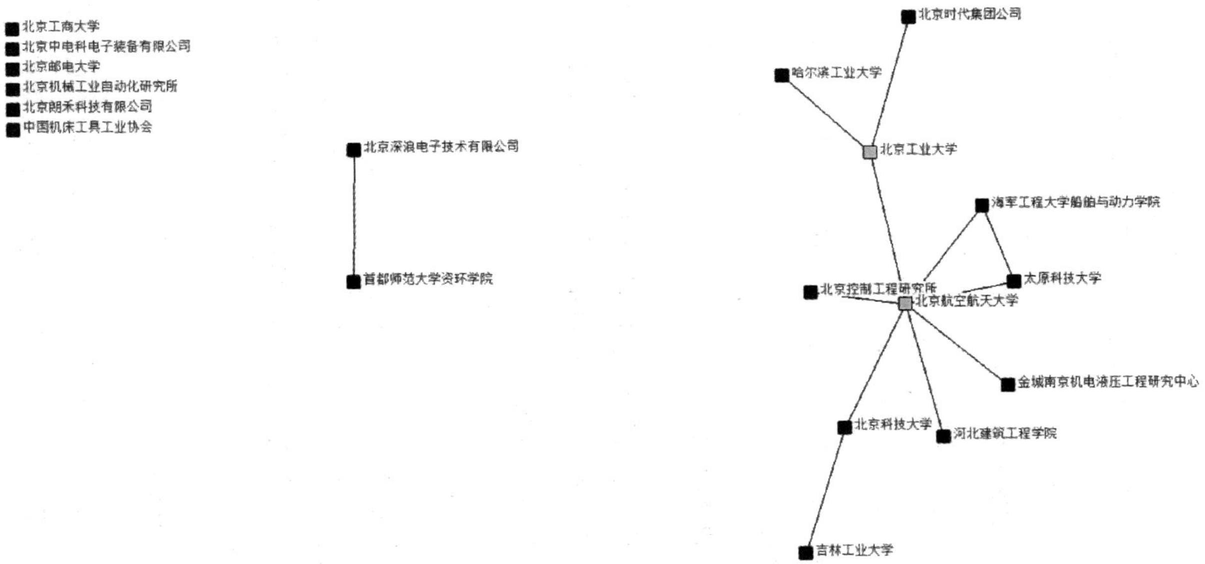

图 4－64　机械专业科研机构合作网络图

4.3.17 儿童专业

图 4－65 展示了儿童专业作者所在 44 个科研机构之间的合作网络，可以看到儿童专业的科研机构除了孤点以外，其他科研机构形成了 1 个连通网络，所有的科研机构都有直接或间接的合作。

4.3.18 中西医专业

图 4－66 展示了中西医专业作者所在 90 个科研机构之间的合作网络，可以看到中西医专业的科研机构除了 1 个孤点以外，其他科研机构形成了 1 个大型的连通网络，所有的科研机构都有直接或间接的合作。

4.3.19 细胞专业

图 4－67 展示了细胞专业作者所在 14 个科研机构之间的合作网络，可以看到形成了 3 个连通网络，其中包含 2 个小型的潜力型网络和 1 个线型网络。

4.3.20 果树专业

图 4－68 展示了果树专业作者所在 39 个科研机构之间的合作网络，可以看到果树专业的科研机构除了 1 个孤点以外，其他科研机构形成了 1 个较大型的连通网络，所有的科研机构都有直接或间接的合作。

4.3.21 通信专业

图 4－69 展示了通信专业作者所在 11 个科研机构之间的合作网络，可以看到通信专业的科研机构合作网络没有孤点，所有的科技机构形成了 1 个连通网络，所有的科研机构都有直接或间接的合作。

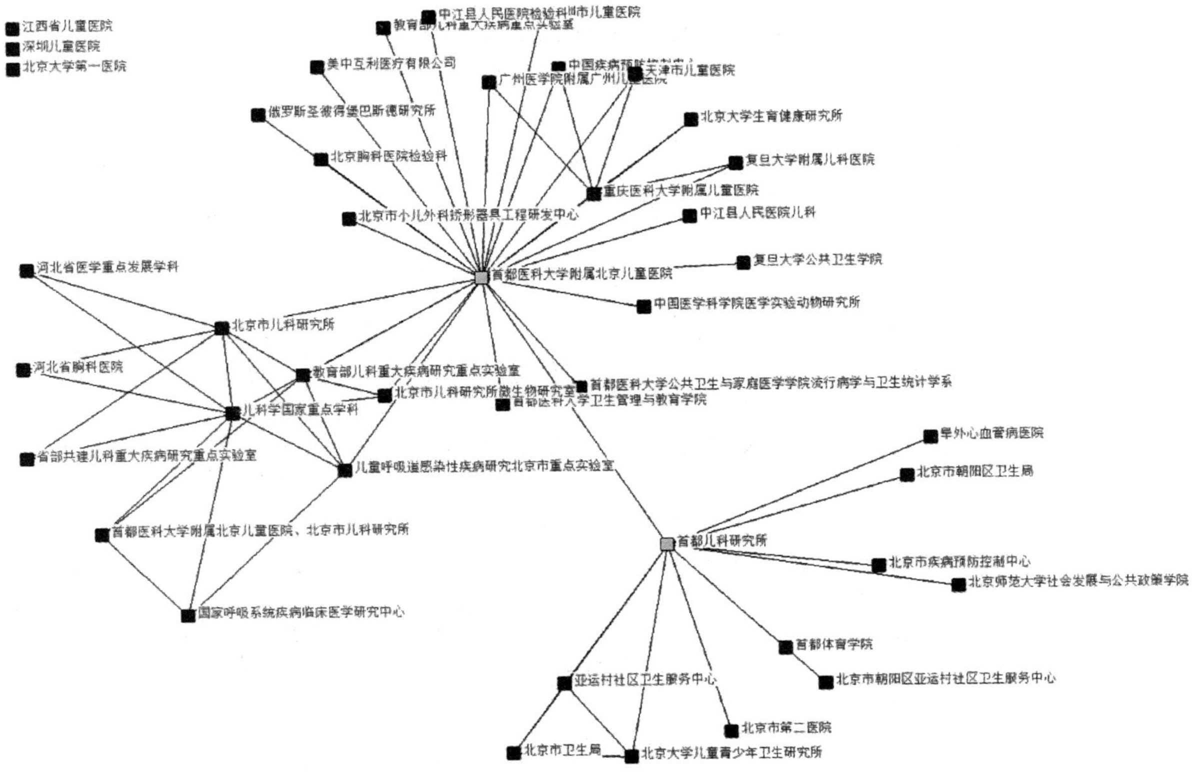

图 4-65　儿童专业科研机构合作网络图

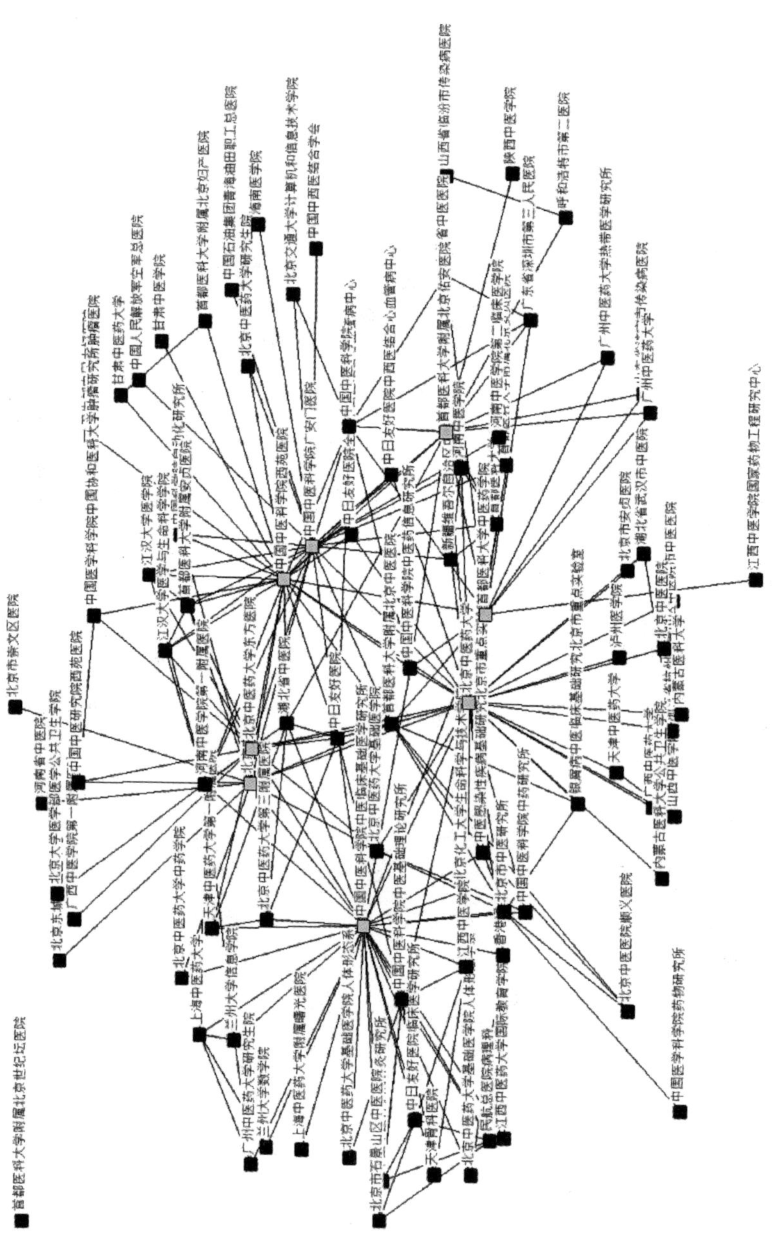

图 4－66　中西医专业科研机构合作网络图

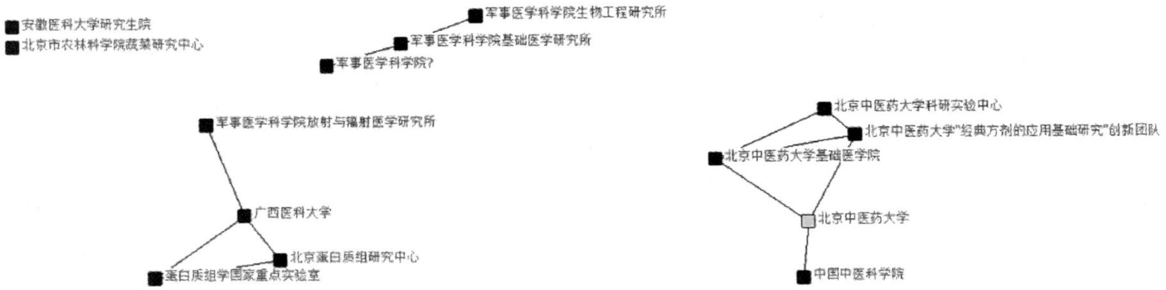

图 4－67　细胞专业科研机构合作网络图

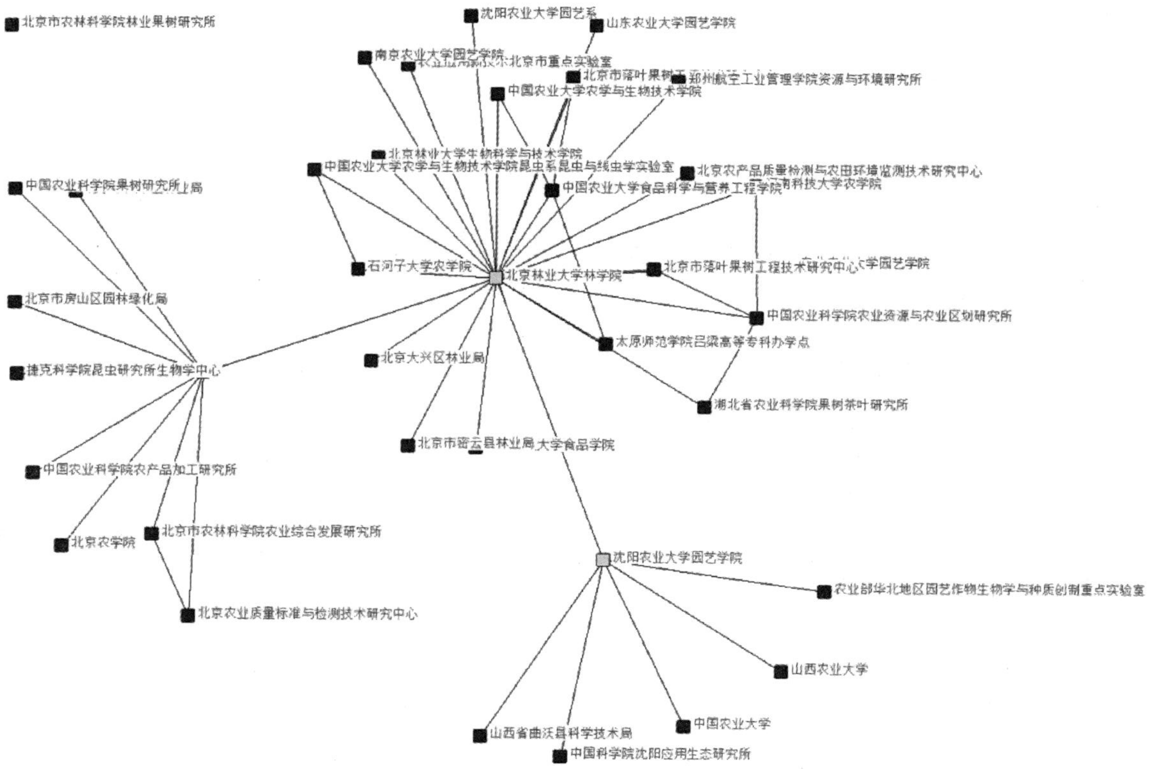

图 4－68　果树专业科研机构合作网络图

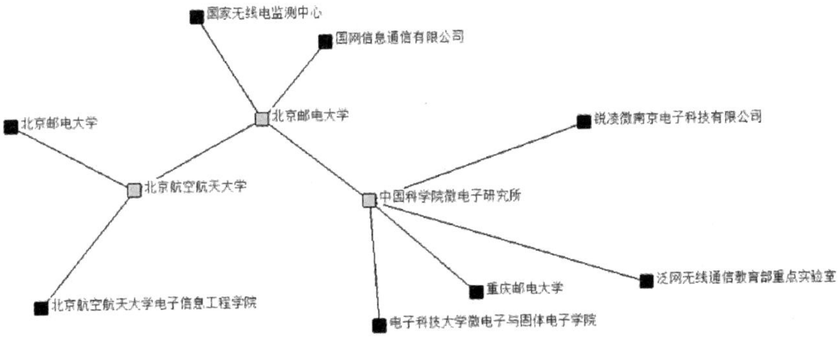

图 4-69　通信专业科研机构合作网络图

4.3.22　药物专业

图 4-70 展示了药物专业作者所在 27 个科研机构之间的合作网络，可以看到形成了 4 个连通网络，其中包含 3 个小型的潜力型网络和 1 个线型网络。

4.3.23　光学专业

图 4-71 展示了光学专业作者所在 14 个科研机构之间的合作网络，可以看到形成了 3 个双核型网络。该网络所有的机构中介中心度和点度中心度都不高，没有明显地起到媒介作用和领头羊作用的科研机构。

4.3.24　动物专业

图 4-72 展示了动物专业作者所在 17 个科研机构之间的合作网络，可以看到动物专业的科研机构除了孤点以外，其他科研机构形成了 1 个较大型的连通网络，该网络的科研机构都有直接或间接的合作。

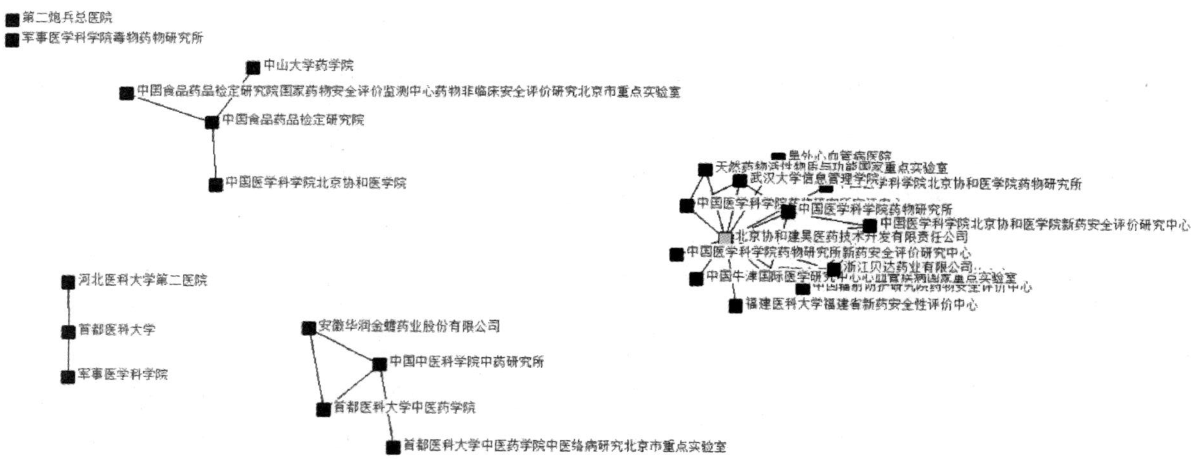

图 4 – 70　药物专业科研机构合作网络图

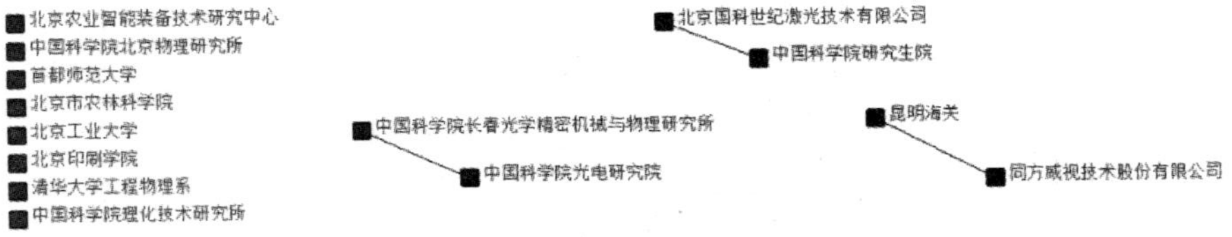

图 4－71　光学专业科研机构合作网络图

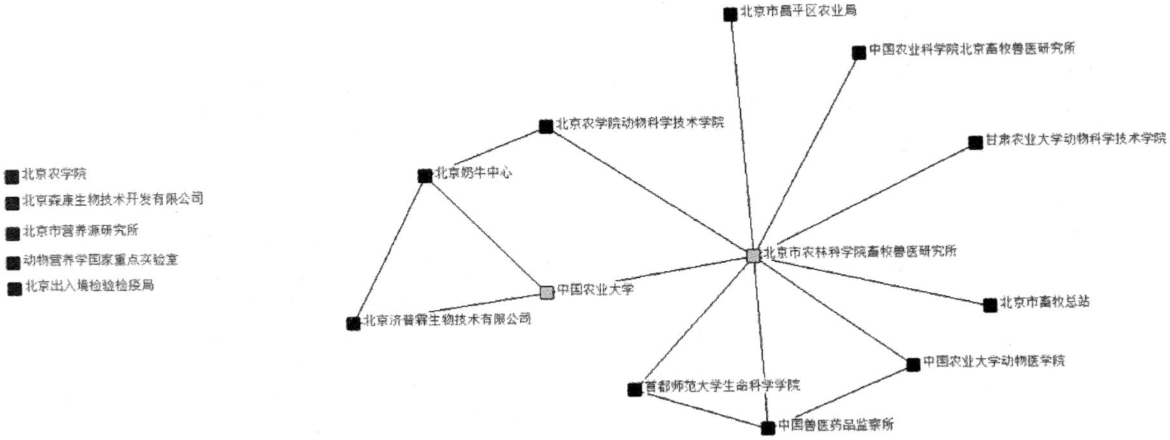

图 4－72　动物专业科研机构合作网络图

第5章 结论与建议

5.1 本课题主要工作

本课题基于中国期刊网（CNKI）、Web of Science（WOS）数据库，结合历年科技新星计划年度考核信息表中收录的论文发表情况，以及部分补充调研结果，查找到的1 034名科技新星发表的10 183篇论文，利用社会网络分析方法，对从事专业中至少有20名科技新星的24个专业，进行了17 015位全局作者合作网络、核心作者合作网络和作者所在科研机构合作网络分析，对识别北京市科技新星合作情况作出了以下重要贡献：

（1）基于社会网络分析方法，获得24个专业科技新星人均发表论文、人均合作作者、平均网络密度、聚类系数、平均距离、最大点度中心度、科技新星最大点度中心度、最大中介中心度、科技新星最大中介中心度等网络属性特征。

（2）通过可视化分析，基于标签视图和密度视图，识别了24个专业全局作者网络的聚类特征，指出了在高密度聚类中发挥重要凝聚作用的科技新星。

（3）基于普赖斯理论，提炼出24个专业的核心作者，并对核心作者的合作网络展开了可视化分析，识别了24个专业的核心作者合作网络特征，并获得了24个专业中直接或间接形成合作关系的科技新星团体，指出了在合作网络中具有重要媒介作用和领头羊作用的科技新星。

（4）通过对24个专业科技新星所在科研机构的可视化网络分

析，识别了 24 个专业的科研机构合作网络特征，并获得了各专业机构合作网络中，具有重要媒介作用和领头羊作用的科研机构信息。

图 5 – 1 展示了 24 个专业核心作者最大子网所包含的科技新星数与该专业科技新星数之比，该数值反映了各专业的科技新星通过直接或间接合作建立起联系的比率，数值越大，表明该专业科技新星之间合作程度越高。从图 5 – 1 可以看到，位于离群点的中西医和果树专业合作率排在前两名，尤其中西医专业远高于其他专业；位于高人均论文、高人均合作象限的专业其合作率也高于位于低高象限和低低象限的专业，唯一例外的是位于低低象限的动物专业，其合作率位于高高象限的专业之中。以下本课题将基于图 5 – 1，对各个专业进行总结和提出政策建议。

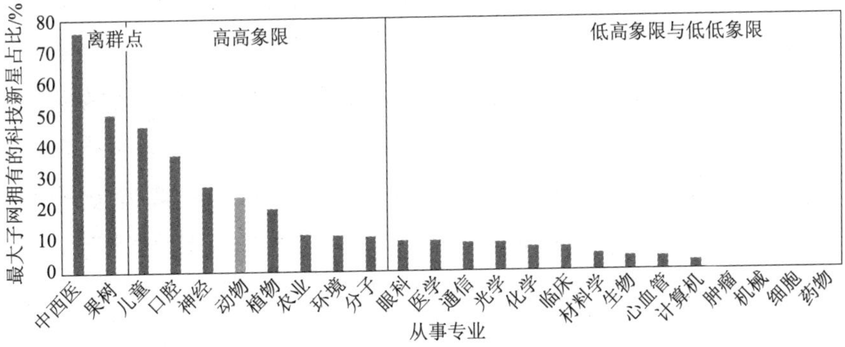

图 5 – 1　24 个专业科技新星合作率

5.2　合作率 50%以上的专业科技新星合作网络特征和建议

5.2.1　中西医专业

中西医专业拥有最高的比率，达到 76%，远高于其他专业，也就是说中西医专业 25 名科技新星的 76% 之间通过直接或间接的合作而形成关联关系。综合网络分析结果，本课题发现中西医专业拥有远超过其他专业的科技新星人均论文数和人均合作者数，属于前述分析的离群点，同时该专业拥有非常高的最大中介中心度和比较高的点度中心度。其核心作者之间和科研机构之间形成了连通的大型合作网络。科技新星吕诚、赵京霞、张董晓、李杰、陈飞松、胡建华、殷惠军、王晓军、徐浩、张壮、王亚红、农一兵、邢雁伟、赵慧辉、郭淑贞、王勇、吴洁、焦拥政和刘宏潇位于该网络中，其中科技新星赵慧辉、赵京霞和张壮具有很高的点度中心度和中介中心度，有力地推动了学者之间的合作与交流。北京中医药大学、中国中医科学院和首都医科大学在机构网络的合作中发挥了重要的媒介作用和领头羊作用。

该专业不足之处有：核心网络布局太长，平均距离比较大，研究学者之间平均需要通过 6 条线才能和其他作者产生合作，路径较长，会影响其相互之间的信息传播速度；该专业形成的超大型网络还存在很多发散性子网，内部结构相对比较松散，因此该专业聚类系数只有 0.549，平均网络密度只有 0.003 3；该专业形成的超大型网络属于桥梁型网络，起主要桥梁和连接作用的关键节点不属于科技新星。综合以上分析可以看到，中西医专业的科技新星勤于发表自己的论文，善于和其他人建立合作，但是科技新星之间直接合作占比还比较低，多是通过非科技新星建立起相互的关联，建议进一步加大中西医专业科技新星之间的交流，增强科技新星在该专业合作中的媒介作用，推动该专业合作网络的发展。

5.2.2 果树专业

果树专业拥有仅次于中西医专业的比率，22 名科技新星的 50% 通过直接或间接的合作而形成关联关系。该专业拥有比较高的科技新星人均论文数，和高于平均水平的人均合作者数，属于前述分析的离群点。其点度中心度和中介中心度都处于中等水平，拥有大型的核心作者合作网络，和除了一个孤点的连通的科研机构合作网络。大型合作网络内部的各小团体内部具有较高的连通性，所有网络里科技新星都起到重要的核心作用，科技新星之间存在直接的合作关系。科技新星兰彦平、郭继英、陈青华、张晓明、张开春、王晶、杨媛、尹淑萍、张俊环、王玉柱和孙浩元位于该大型网络中。其中，科技新星张开春具有很高的点度中心度和中介中心度，起到了连接3个团体的重要桥梁作用，有力地推动了学者之间的合作与交流。北京林业大学林学院具有最高的中介中心度和点度中心度，在机构网络的合作中发挥了重要的媒介作用和领头羊作用。该专业不足之处在于，与中西医专业相比，科技新星虽然人均论文数远超其他专业，但是人均合作者数略显不足，仅高于平均水平；还有一个 2 名科技新星成网的子网和 4 个 1 名科技新星成网的子网，如果能使其和大型网络建立合作关系，将有助于提高合作率。

5.3 合作率 20%以上的专业科技新星合作网络特征和建议

5.3.1 儿童专业

儿童专业拥有和果树专业相当的比率 46%，也就是说儿童专业 26 名科技新星的 46% 之间通过直接或间接的合作而形成关联关系。该专业拥有高于平均水平的人均论文数和人均合作者数，属于高高象限。其拥有大型的核心作者合作网络和除了 3 个孤点的连通的科研机构合作网络。科技新星亚娟、姚开虎、向莉、钱素云、殷菊、王静、申阿东、焦伟伟、申晨、孙琳、杜忠东和谢向辉位于该大型网络中。其中，科技新星姚开虎、孙琳、申阿东具有很高的中心性，有力地推动了学者之间的合作与交流。首都医科大学附属北京儿童医院和首都儿科研究所同时具有较高的点度中心度和中介中心度，在机构网络的合作中发挥了重要的媒介作用和领头羊作用。该专业不足之处在于，虽然存在 1 个大型网络，但是还存在 1 个中型网络和 5 个小型网络，而且网络内部也存在很多分散点，抱团趋势不够明显，聚类系数偏低；还有 5 名科技新星独立成网未形成合作关系，应该进一步建立相应的沟通渠道，促进科技新星之间的交流和联系。

5.3.2 口腔专业

口腔专业最大核心作者子网包含了16名科技新星，与43名科技新星的比值达到37%。该专业拥有高于平均水平的人均论文数和人均合作者数，属于高高象限。该专业的最大点度中心度远高于其他专业，最大中介中心度也排在24个专业的第三位。拥有超大型的核心作者合作网络。科技新星王松灵、王学玖、徐骏疾、温颖、杜娟、李钧、孙涛、祁森荣、耿威、刘娜、侯本祥、白玉兴、徐辉、张栋梁、黄晓峰和杨凯位于该大型合作网络中。其中科技新星王松灵、白玉兴、侯本祥、徐骏疾、李钧都具有很高的中心性，尤其是早年的科技新星王松灵在合作网络的形成中发挥了重要作用。首都医科大学附属的几个医院和实验室拥有最高的点度中心度和中介中心度，在机构网络的合作中发挥了重要的媒介作用和领头羊作用。该专业不足之处在于，其科研机构合作网络存在比较多的孤点，最大的合作网络规模也仅属于较大型。

5.3.3 神经专业

神经专业拥有88名科技新星，其数值远高于中西医、果树、儿童和口腔专业。其最大的科技新星合作数也是24个专业中最高的，达到24人。该专业拥有高于平均水平的人均论文数和人均合作者数，属于高高象限。同时，该专业的最大中介中心度排在24个专业中的第一位，最大点度中心度排在第二位。拥有一个大型的核心作者合作网络。科技新星张建国、栾国明、张成岗、张向阳、关宇光、张亚卓、桂松柏、张鹏飞、李储忠、安沂华、郝淑煜、贾旺、王贵怀、刘佰运、吕明、姜鹏、杨新健、王拥军、王伊龙、濮月华、薛静、隋滨滨、赵澎和周永位于该网络中。科技新星张成岗、张建国、栾国明、张亚卓、张向阳具有很高的中心性，其中科技新星张建国拥有最高的中介中心度，起到了非常重要的媒介作用。神经专业的科研机构除了孤点之外，已经形成了一个大型的连通网络，不足之处在于，该机构合作网络中具有最高点度中心度和中介中心度的单位都不是北京市属单位，北京市属的首都医科大学附属北京安定医院、北京市神经外科研究所同时具有较高的点度中心度和中介中心度。

5.3.4 动物专业

动物专业属于该分组中比较特殊的一个专业，拥有低于平均水平的人均论文数和人均合作者数，属于低低象限。其点度中心度和中介中心度都属于中等水平，但是该专业拥有一个连通的核心作者网络和机构合作网络。5 名科技新星被关联在一起，相比于最少的 21 名科技新星数，使得其合作率达到了 21%。这 5 名科技新星是：赵峰、张莉、冯涛、田见晖和王彦平。其中科技新星张莉、冯涛和王彦平具有相对较高的中心性。北京市农林科学院畜牧兽医研究所和中国农业大学同时具有较高的点度中心度和中介中心度。不足之处在于，和其他低低象限的专业相比，该专业平均距离较大，主要原因在于其核心作者形成的大型网络属于桥梁型网络，如果能进一步增加非桥梁作者之间的合作，将有助于降低其平均距离，加快作者之间的信息沟通。

5.3.5 植物专业

植物专业拥有 35 名科技新星，最大子网包含了 7 名科技新星，合作比率达到 20%。该专业拥有高于平均水平的人均论文数和人均合作者数，属于高高象限。值得关注的是，该专业的核心作者合作网络和科研机构合作网络都属于较大型，未形成大型合作网络。7 人成网的科技新星有：张秀海、刘凡、周莹、燕继晔、谢华、田兆丰和刘霆。其中科技新星曹兵、刘霆具有很高的中心性，同时科技新星曹兵位于另一个 2 人成网的子网中。中国农业科学院蔬菜花卉研究所同时具有较高的点度中心度和中介中心度。不足之处在于，除了 7 名科技新星形成的子网外，该专业还拥有 1 个 3 人关联的科技新星子网，和 2 个 2 人关联的科技新星子网，如果能使这些网络和 7 人成网的科技新星子网建立联系，将大大提高其合作率。

5.4 合作率10%以上的专业科技新星合作网络特征和建议

5.4.1 农业专业

农业专业拥有68名科技新星，最大子网包含了8名科技新星，合作比率达到11.8%。该专业拥有高于平均水平的人均论文数和人均合作者数，属于高高象限。该专业拥有比较高的点度中心度和中等水平的中介中心度。科技新星刘洪禄、吴文勇、杨国航、李艳霞具有很高的中心性，其中科技新星刘洪禄、吴文勇和李艳霞位于一个子网中。该专业的机构合作网络好于核心作者合作网络，存在一个大型的合作子网。首都师范大学资源环境与旅游学院和农业部农业信息技术重点实验室同时具有较高的点度中心度和中介中心度。不足之处在于，其核心作者合作网络主要特征是包含很多小型网络，以至于其科技新星之间形成的合作网络结构也相当分散，包括1个8人成网的子网、1个7人成网的子网、1个6人成网的子网、1个5人成网的子网、1个4人成网的子网、1个3人成网的子网和2个2人成网的子网，如果能使这些小团体建立起合作关系，将大大提高该专业的合作率。

5.4.2 环境专业

环境专业拥有87名科技新星，最大子网包含了10名科技新星，合作比率达到11.5%。该专业拥有高于平均水平的人均论文数和人均合作者数，属于高高象限。拥有比较高的点度中心度和中等水平的中介中心度。比农业专业好在拥有一个较大型网络，包含了10名科技新星。科技新星廖日红、陈家庆、梁涛具有很高的中心性，其中科技新星廖日红和陈家庆位于一个子网中。拥有一个大型的机构合作网络。中国科学院地理科学与资源研究所和中国科学院地质与地球物理研究所同时具有较高的点度中心度和中介中心度。不足之处在于，相似于农业专业，核心作者网络包含比较多的小型子网，因此其科技新星之间的关联关系也拥有 4 个 3 名科技新星成网的子网，和 2 个 2 名科技新星成网的子网。如果能使这些小团体之间建立起合作关系，将大大提高该专业的合作率。

5.4.3 分子专业

分子专业拥有 27 名科技新星，最大子网仅包含了 2 名科技新星，合作比率达到 7.4%。拥有高于平均水平的人均论文数和高于平均水平的人均合作者数，属于高高象限。拥有中等偏上水平的点度中心度和中等偏上水平的中介中心度。科技新星丁丽华、于继云、王恒樑和黄丛林都具有较高的中心性。北京市农林科学院、军事医学科学院基础医学研究所同时在该专业合作网络中具有重要的媒介作用和领头羊作用，但作用仅限于自身所在的网络中。不足之处在于，该专业属于比较特殊的一个专业，形成了 8 个核心作者子网，其中包含 2 个较大型合作网络和 2 个中型网络，并且每个子网都至少包含 1 名科技新星，6 个网络的科技新星都在对应的网络中处于核心地位或具有桥梁作用，但是科技新星之间建立关联的甚少，如果能使这些科技新星之间建立联系，将有助于该专业除了孤点之外的核心作者形成连通网络。另外，分子专业的科研机构有很多，之间的合作也不够紧密，仅形成了 5 个小型的科研机构合作网络。

5.5 合作率低于 10%的专业科技新星合作网络特征和建议

5.5.1 眼科专业

眼科专业拥有 31 名科技新星，最大子网仅包含了 3 名科技新星，合作比率达到 9.68%。该专业拥有低于平均水平的人均论文数和人均合作者数，属于低低象限。该专业因为每个网络都不大，因此其平均距离比较小，只有 1.892，相当于平均只需要 2 条线，作者之间就可以通信。北京市眼科研究所具有最高的中介中心度和最高的点度中心度，在合作网络中具有重要的媒介作用和领头羊作用。不足之处在于，该专业形成的核心作者网络都比较小，连通性也一般，因此其拥有24个专业排名倒数第2的聚类系数；该专业拥有比较低的点度中心度和中介中心度，科技新星的核心作用和桥梁作用未有明显体现。形成了4个核心作者子网，每个子网都至少包含1名科技新星，但是科技新星之间未建立联系，如果能使这些科技新星之间建立联系，将有助于该专业除了孤点之外的核心作者形成连通网络。

5.5.2　医学专业

医学专业拥有31名科技新星，最大子网仅包含了3名科技新星，合作比率达到9.68%。该专业拥有低于平均水平的人均论文数和人均合作者数，属于低低象限。拥有较低的点度中心度和中介中心度。不足之处在于，形成了3个核心作者子网，每个子网都至少包含1名科技新星，如果能使这些科技新星之间建立联系，将有助于该专业除了孤点之外的核心作者形成连通网络。该专业因为包含1个较大型合作网络，因此其平均距离大于眼科专业，达到2.281。医学专业涉及的科研机构多于眼科专业，但是有很多孤立的科研机构没有通过科技新星形成合作关系。卫生部老年医学研究所和卫生部北京医院同时具有较高的点度中心度，在合作网络中具有领头羊作用。

5.5.3　通信专业

通信专业拥有22名科技新星，最大子网仅包含了2名科技新星，合作比率达到9.09%。该专业拥有低于平均水平的人均论文数和人均合作者数，属于低低象限。拥有中等的点度中心度和中介中心度。科技新星吴斌具有较高的中心性。通信专业涉及的科研机构不多，但是不存在孤立的科研机构，所有的科研机构都形成了一个连通网络。北京邮电大学、中国科学院微电子研究所和北京航空航天大学同时具有较高的点度中心度，在合作网络中具有领头羊作用。

不足之处在于，形成了 5 个核心作者子网，每个子网都至少包含 1 名科技新星，如果能使这些科技新星之间建立联系，将有助于该专业除了孤点之外的核心作者形成连通网络。该专业因为包含 1 个较大型合作网络，因此其平均距离大于眼科专业，达到 2. 314。

5. 5. 4　光学专业

光学专业拥有 22 名科技新星，最大子网仅包含了 2 名科技新星，合作比率达到 9. 09%。该专业拥有低于平均水平的人均论文数和高于平均水平的人均合作者数，属于低高象限。拥有比较低的点度中心度和中介中心度。不足之处在于，该专业形成了 2 个核心作者子网，其中包含 1 个较大型合作网络，并且每个子网都至少包含 1 名科技新星，2 个网络的科技新星都在对应的网络中处于核心地位或具有桥梁作用，如果能使这些科技新星之间建立联系，将有助于该专业除了孤点之外的核心作者形成连通网络。分子专业的科研机构网络除了孤点就是双核型网络，没有明显地起到领头羊作用或媒介作用的科研机构。

5. 5. 5　化学专业

化学专业拥有 39 名科技新星，最大子网仅包含了 3 名科技新星，合作比率达到 7. 69%。该专业拥有低于平均水平的人均论文数和人均合作者数，属于低低象限。拥有比较低的点度中心度和中介中心度，但是拥有比较高的聚类系数，表明化学专业 10 个小团体内部连通性比较好，结构更紧凑。该专业因为合作网络都不大，因此其平均距离比较小，仅有 1. 628。化学专业的科研机构除了孤点之外，其他科研机构已经形成了一个连通网络。纳米材料先进制备技术与应用科学教育部重点实验室、重质油国家重点实验室同时在该专业合作网络中具有重要的媒介作用和领头羊作用。不足之处在于，形成了 10 个核心作者子网，每个子网都至少包含 1 名科技新星，但是仅部分科技新星在其所在网络中具有核心作用，未有明显起到桥梁作用的科技新星。

5.5.6　临床专业

临床专业拥有39名科技新星，最大子网仅包含了3名科技新星，合作比率达到7.69%。该专业拥有低于平均水平的人均论文数和高于平均水平的人均合作者数，属于低高象限。拥有中等水平的点度中心度和中介中心度。形成了9个核心作者子网，其中包含2个较大型合作网络，并且每个子网都至少包含1名科技新星，每名科技新星都在对应的网络中处于核心地位或具有桥梁作用，如果能使这些科技新星之间建立联系，将有助于该专业除了孤点之外的核心作者形成连通网络。临床专业的科研机构有很多孤点，同时也有一个较大型的科研机构合作网络，是一个非常明显的桥梁型网络。首都医科大学消化病学系、首都医科大学附属北京天坛医学临床医学研究实验室同时在该专业合作网络中具有重要的媒介作用和领头羊作用。

5.5.7　材料学专业

材料学专业拥有93名科技新星，是拥有科技新星数最多的专业。其最大子网包含了5名科技新星，合作比率达到5.37%。拥有低于平均水平的人均论文数和低于平均水平的人均合作者数，属于低低象限。拥有比较低的点度中心度和中介中心度。形成了27个核心作者子网，都属于小型的合作网络，结构相对松散，联系不够紧密，作者间的信息分享较少，需要加强。值得关注的是，材料学专业科技新星之间除了形成5名科技新星成网的子网外，还有1个4名科技新星成网的子网、1个3名科技新星成网的子网、7个2名科技新星成网的子网，如果把这些网络关联起来，将大大提高材料学专业合作率。材料学专业的科研机构有很多，形成了6个小型的科研机构合作网络。中国科学院大学、清华大学、有研亿金新材料有限公司同时在该专业合作网络中具有重要的媒介作用和领头羊作用，但作用仅限于自身所在的网络中。

5.5.8 生物专业

生物专业与材料专业相似，拥有 90 名科技新星，是拥有科技新星数次多的专业。其最大子网包含了 4 名科技新星，合作比率达到 4.44%。拥有低于平均水平的人均论文数和低于平均水平的人均合作者数，属于低低象限。拥有中等水平的点度中心度和中介中心度。形成了 13 个核心作者子网，比分子专业要紧凑，包含 2 个较大型网络。值得关注的是，生物学专业科技新星之间除了形成 1 个 4 名科技新星成网的子网外，还有 2 个 3 名科技新星成网的子网，2 个 2 名科技新星成网的子网，如果把这些网络关联起来，将大大提高生物学专业合作率。生物学专业的科研机构有很多，形成了 8 个小型的科研机构合作网络。安泰科技股份有限公司、北京中医药大学同时在该专业合作网络中具有重要的媒介作用和领头羊作用，这两个科研机构分属于不同的子网络。

5.5.9 心血管专业

心血管专业拥有 47 名科技新星，最大子网仅包含了 2 名科技新星，合作比率达到 4.26%。该专业拥有低于平均水平的人均论文数和接近平均水平的人均合作者数，属于低高象限。拥有较低的点度中心度和中介中心度。形成了 10 个核心作者子网，都是小型网络，每个子网都至少包含 1 名科技新星，每个网络都有科技新星处于核心地位或具有桥梁位置，如果能使这些科技新星之间建立联系，将有助于该专业除了孤点之外的核心作者形成连通网络。临床专业的科研机构形成了一个较大型的合作网络，是一个非常明显的桥梁型网络。首都医科大学附属北京安贞医院、北京市心肺血管疾病研究所同时在该专业合作网络中具有重要的媒介作用和领头羊作用。

5.5.10 计算机专业

计算机拥有 71 名科技新星，是拥有比较多科技新星数的专业。其最大子网包含了 2 名科技新星，合作比率达到 2.82%。拥有低于平均水平的人均论文数和低于平均水平的人均合作者数，属于低低象限。拥有比较低的点度中心度和中介中心度。形成了13个核心作者子网，都是些小型网络，结构比较松散。该专业仅包含2个2名科技新星成网的子网，科技新星之间的合作在该专业中表现得非常不好。相对而言，计算机专业的科研机构网络表现好于核心作者网络，形成了一个较大型合作网络，北京市交通信息中心、清华大学、计算机体系结构国家重点实验室同时在该专业合作网络中具有重要的媒介作用和领头羊作用，这3个科研机构位于同一子网。

5.6 未形成合作关系的专业科技新星合作网络特征及建议

基本属于单打独斗型的专业有肿瘤专业、药物专业、机械专业和细胞专业。其中，肿瘤专业和药物专业拥有低于平均水平的人均论文数和接近平均水平的人均合作者数，属于低高象限。机械专业和细胞专业拥有低于平均水平的人均论文数和人均合作者数，属于低低象限。这些专业的聚类系数都偏低，低于0.5，其中机械专业拥有24个专业中最低的聚类系数，表明这些专业内部结构都比较松散。这些专业形成的子网要么不含科技新星，要么仅含1名科技新星，科技新星之间未形成直接或间接的合作关系。不包含科技新星的子网存在的原因在于，与这些子网作者合作的科技新星发文量不够，未成为核心作者。

5.7 整体建议与下一步研究计划

（1）新星计划入选人员之间直接合作偏少。

从合作论文这个角度来分析，并且只分析同专业方面的情况，科技新星之间直接合作的确实还不是太多。这与近年来的直观经验比较类似。

但是在间接成网这方面，合作率在20%以上的专业这方面还可以；值得关注的是，有不少专业还有很多小的合作团体，这些团体之间如果能建立合作，有助于扩大科技新星之间合作的广度和深度；对每个专业中识别出的具有很高中心性的科技新星应该给予交流的机会，这有助于加快科技新星之间的合作；对 10% 以下的专业，尤其是没有形成合作的专业应该多给予关注。

（2）除去论文，下一步应继续研究其他产出对科技新星间科研合作网络的影响。

论文仅仅是科研产出的一个方面，科研产出还包括科研项目、考察交流、成果转化与产业化等多个层面。未来应该继续分析科技新星之间在这些方面的合作情况，有利于进一步客观分析科技新星计划入选人员间的科研合作网络是否已经到达一定规模和层次。这是本课题需要继续研究和探讨的方向。

参考文献

[1] 王传毅，吕晓泓，李明磊．中国研究生教育领域学者合作的实证研究：基于作者共现的社会网络分析 [J]．学位与研究生教育，2017 (08)：61 - 66.

[2] 吴翌琳，吴洁琼．中国科技创新合作网络研究 [J]．统计研究，2017，34 (05)：94 - 101.

[3] 赵晔，张俊华，李伦，葛龙，刘爱萍，张珺，徐小琴，田金徽．中国网状 Meta 分析作者研究能力和团队特征分析 [J]．中国药物评价，2017，34 (01)：5 - 9.

[4] 吴涛，张子石，金义富．网络学习领域作者合作的社会网络分析——基于 CSSCI 的文献计量研究 [J]．中国电化教育，2017 (02)：96 - 102.

[5] 衡明莉，步怀恩，郝彧，赵紫薇，王泓午．基于社会网络分析的国内多水平模型作者合作关系研究 [J]．天津中医药大学学报，2016，35 (05)：343 - 346.

[6] 陈静．大数据领域作者合作网络和合作团体研究 [J]．情报探索，2016 (07)：127 - 134.

[7] 何蛟，潘现伟．基于 SNA 的 2010 - 2014 年图书馆学作者合作网络分析 [J]．图书馆，2015 (09)：67 - 72.

[8] 党永杰，郑世珏．作者合作网络中的边加权问题研究 [J]．农业图书情报学刊，2015，27 (04)：60 - 63.

[9] 孙鸿飞，侯伟，于淼．我国情报学研究方法应用领域作者合作关系研究 [J]．情报科学，2015，33 (04)：69 - 74.

[10] 孙晓玲．作者合作网络的结构及其演化与预测研究 [D].

大连：大连理工大学，2014.

[11] 尹莉．基于文献计量学的国际基础数学领域作者合作网络分析［J］．现代情报，2014，34（04）：102－107.

[12] 董凌轩，刘友华，朱庆华．基于SNA的iConference论文作者合作情况研究［J］．情报杂志，2013，32（10）：82－88.

[13] 邱均平，董克．作者共现网络的科学研究结构揭示能力比较研究［J］．中国图书馆学报，2014，40（01）：15－24.

[14] 邱均平，陈木佩．我国计量学领域作者合作关系研究［J］．情报理论与实践，2012，35（11）：56－60.

[15] 邱均平，伍超．基于社会网络分析的国内计量学作者合作关系研究［J］．图书情报知识，2011（06）：12－17.

[16] 谭晓燕．高校科研合著网络及其演化研究［D］．上海：上海师范大学，2011.

[17] 刘璇．社会网络分析法运用于科研团队发现和评价的实证研究［D］．华东师范大学，2011.

[18] 邱均平，王菲菲．基于SNA的国内竞争情报领域作者合作关系研究［J］．图书馆论坛，2010，30（06）：34－40＋134.

[19] 邱均平，李佳靓．基于社会网络分析的作者合作网络对比研究——以《情报学报》、《JASIST》和《光子学报》为例［J］．情报杂志，2010，29（11）：1－5.

[20] 刘彤，时艳琴．基于社会网络分析的专家知识地图应用研究［J］．情报理论与实践，2010，33（03）：68－71.

[21] 付允，牛文元，汪云林，李丁．科学学领域作者合作网络分析——以《科研管理》（2004—2008）为例［J］．科研管理，2009，30（03）：41－46.

[22] 李金华．网络研究三部曲：图论、社会网络分析与复杂网络理论［J］．华南师范大学学报（社会科学版），2009（02）：136－138.

[23] 蔡美娟．高校科研合作研究［D］．上海：上海师范大学，2009.

[24] 王福生，石秀春，杨洪勇. 基于作者簇的科研合作网络模型 [J]. 情报理论与实践，2009，32 (01)：35 -37 +34.

[25] 李亮，朱庆华. 社会网络分析方法在合著分析中的实证研究 [J]. 情报科学，2008 (04)：549 -555.

[26] 王福生，杨洪勇. 作者科研合作网络模型与实证研究 [J]. 图书情报工作，2007 (10)：68 -71.

[27] 李鹏翔，任玉晴，席酉民. 网络节点 (集) 重要性的一种度量指标 [J]. 系统工程，2004 (04)：13 -20.